„Nach unserer bisherigen Erfahrung sind wir nämlich zum Vertrauen berechtigt, dass die Natur die Realisierung **des mathematisch denkbar Einfachsten** ist."
Albert Einstein
(Zur Methodik der Theoretischen Physik, der Herbert-Spencer Vortrag, 10 June 1933; Fettung durch den Autor)

„Die Perspektiven, die die Symmetrie bietet (…) Wir müssen unbedingt versuchen, den nichtwissenschaftlich-arbeitenden Mitgliedern der Gesellschaft, die durch demokratische Prozesse die endgültigen Entscheidungen treffen, ein besseres Verständnis der Schlüsselthemen zu vermitteln. **Tatsächlich hängt unsere Zukunft davon ab."**
Leon M. Lederman & Christopher T. Hill
(Symmetry and the Beautiful Universe, 2004, S.24-25; Übersetzung und Fettung durch den Autor)

Mit Blick auf die Veröffentlichung des Buches haben 2024 George und Ehrengard Hohbach 100 Bäume in Mexiko für den Monarchfalter mit der Umweltstiftung *One Tree Planted* gepflanzt.

Haftungsausschluss: Die Informationen wurden mit größter Sorgfalt zusammengestellt. Für den Inhalt dieses Buches, insbesondere für die Vollständigkeit, Richtigkeit und Aktualität der Informationen, übernehmen weder die Autoren noch der Verlag noch die in diesem Buch genannten Personen, Unternehmen oder Organisationen eine Haftung. Die Nutzung dieser Informationen erfolgt auf eigene Verantwortung des Lesers. Die Geltendmachung von Ansprüchen jeglicher Art ist ausgeschlossen.

Bibliografische Information der Deutschen Nationalbibliothek:
Die Deutsche Nationalbibliothek verzeichnet diese Publikation in der Deutschen Nationalbibliografie; detaillierte bibliografische Daten sind im Internet über http://dnb.dnb.de abrufbar.

Herstellung und Verlag: BoD – Books on Demand, Norderstedt

ISBN: 9783758368615

EINSTEINS WAHRES ERBE

geschrieben von
George Hohbach

Illustrationen und Fotos von
George Hohbach

Musik & Text des Popsongs *OUR AGE OF FREEDOM*
von
George Hohbach

Arrangement des Songs und Notenblatt von
Alfred Huff

INHALT

Vorwort:
Mein langer Weg zu Einsteins Wahrem Erbe – S.2

KAPITEL

„…es gibt wohl nur eines [ein Wort], welches das Rätsel in allen
Teilen wirklich löst.“
Albert Einstein
(Aus Meinen Späten Jahren, 2005, S.69)

EINSTEINS WAHRES ERBE

Das sensationell einfache Schöpfungsprinzip des Kosmos, das jeder kennen sollte

Lokale Symmetrie, das Herz von Einsteins Theorie.

Mein langer Weg zu Einsteins Wahrem Erbe

Ein ganz wichtiges Ereignis war vor weit über zehn Jahren meine Reise in die USA. Genauer gesagt nach Los Angeles in den Sunshine State. Nach einer stressigen Lebensphase wollte ich mir für zehn Tage eine Auszeit gönnen und mir Hollywood & Co. einmal vor Ort ansehen.

„Warum fliegen Sie nicht für 12 Tage?" fragte mich die nette Dame vom Reisebüro, „wenn Sie schon so weit fliegen."

„OK."

Also reiste ich für ganze 12 Tage nach Kalifornien. Das Hotel lag am Sunset Boulevard, mit einem herrlichen Blick Richtung Beverly Hills und Los Angeles.

Da die Länge meines Aufenthalts eher ungewöhnlich für das Hotel war, weil es vielfach für Kurzvisiten von Geschäftsleuten – Profis aus der Film-, Mode- und Musikszene – besucht wurde, gab man mir ein besonders schönes Zimmer, ganz oben im 12. Stock. Die Zimmernummer lautete 1212.

Da wurde ich das erste Mal etwas stutzig: 12 Tage, 12. Stock, Zimmer 1212.

Ich dachte mir aber weiter nichts dabei, sondern begann sofort, mich einfach mal treiben zu lassen, ohne etwas konkret vorweg geplant zu haben. So begann der Urlaub sich quasi von selbst zu entwickeln. Sonne, Palmen, Gespräche mit Gästen und den hübschen Bedienungen an der Bar, die nicht nur erstaunlich viel über Kunst und Geschichte Bescheid wussten, sondern auch oftmals ihr Glück in Hollywood als Schauspielerinnen suchten – mit viel Engagement und Talent, wie ich mich bei einer humorvollen Theateraufführung vergewissern konnte.

Nachdem ich am neunten Tag noch eine Bekannte aus Deutschland getroffen hatte, fing bei mir, aufgrund des glamourösen Hergangs des Treffens, mein Gehirn von selbst an, die Tage Revue passieren zu lassen. Am zehnten Tage hatte ich von dem ganzen Trubel am Pool, den Bars und Touristenattraktionen genug und ich zog mich auf mein Zimmer zurück, um nachzudenken und Gedanken zu Papier zu bringen. Dabei fiel mir auf, dass jeder Tag bisher aufgrund der Erlebnisqualität einem der 12 Tierkreiszeichen entsprochen hatte; beginnend mit Widder bis hinauf zum Steinbock, den ich an jenem Tag durch meinen Rückzug vom äußeren Geschehen und die reduzierte, schriftliche Zusammenfassung des bisherigen Urlaubs erlebte. Auch die Tage 11 und 12 entsprachen, ohne dass ich etwas gezielt unternahm, den Tierkreiszeichen Wassermann und Fische. Am elften Tag zogen nebenan Gäste ein, die sich viel auf dem Balkon aufhielten und ständig laut lachten – ein Merkmal der Wassermann-Energie. Zu diesem Zeitpunkt war ich natürlich aufgrund der Entsprechung meiner Urlaubstage mit den Tierkreiszeichen geistig-seelisch recht elektrifiziert.

Am 12. Tag, dem Tag meiner Abreise, sollte mich ein Fahrerservice zum Flughafen bringen. Gebucht hatte ich ein schwarzes, schlichtes Town Car, und wie immer gab ich mir einen sehr großen Zeitpuffer, da ich Hetze am Flughafen nicht mag. So wartete ich in der Lobby auf meinen Transport nach LAX. Doch der kam nicht. Ich wurde nervös. Was war los? Der Fahrer hatte schon mindestens eine halbe Stunde Verspätung.

Plötzlich tauchte der Manager des Hotels bei mir auf, stellte sich sehr höflich vor und schüttelte mir demonstrativ die Hand. Mein Fahrer sei jetzt da. Uhrzeit: 12:00 Uhr. Es kamen Hotelbedienstete herbeigeeilt, die mir mein Gepäck abnahmen und der Hotelmanager begleitete mich nach draußen und sagte, er hoffe mich bald wieder zu sehen. Mir war nicht ganz klar, warum man auf einmal so extrem freundlich zu mir war. Vor allem war ich verwirrt, da ich vor dem

Hotel nicht das gebuchte schwarze Town Car sah. Stattdessen, so stellte ich zu meiner Verwunderung fest, wurde mein Gepäck in einen roten, super aufgemotzten, super teuren Mercedes Benz verfrachtet und ein aufgeregter Fahrer begrüßte mich stürmisch. Es tue ihm wegen der Verspätung leid, aber das Town Car funktioniere nicht, daher würde man mich jetzt mit dem Celebrity-Mercedes chauffieren. Ah, ja. Daher die zusätzliche, inspirierende Freundlichkeit des Hotelpersonals. Die mysteriöse Fische-Energie, die alles beinhaltet, kann eben auch mal einen dicken Fisch – also einen schnittigen Luxusflitzer – aus dem Nichts zaubern.

Mir war aber auf einer geistigen Ebene klar: Ich hatte etwas Besonderes erlebt. Die Abfahrtszeit um 12:00 Uhr zusätzlich zu der bisherigen Auffälligkeit der Zahl 12, und dann zum Schluss das riesengroße VIP-Auto, als Überraschung aus dem Nichts, waren klare Hinweise. Doch, was genau hatte ich so „Dickes“ und Wichtiges erlebt, dass mir das Leben so viele Symbole schickte?

Wieder in Deutschland machte ich mich sofort daran, mein Studium holistischer Kreislaufsysteme—Tierkreiszeichen, die Chinesischen 5 Elemente, Feng Shui, etc.—zu vertiefen. Irgendwann wagte ich den systemtheoretischen Versuch, die Kosmologie, vom Big Bang bis zur Gegenwart, als Kreislaufmodell zu erfassen, was zu meiner Verwunderung sehr viel Sinn ergab. Wer sich mit Kosmologie beschäftigt, kommt logischerweise an der Physik natürlich nicht vorbei. Das heißt vor allem auch: Man trifft ständig auf das große Genie Albert Einstein und sein bahnbrechendes Werk.

Eine Stimme in mir wollte mich dazu bringen, mich näher mit Einsteins Werk zu beschäftigen. Aber ich wollte nicht. Ich war nie ein schlechter Schüler gewesen, aber in Mathe und Physik hatte ich nie eine eins – immer nur eine zwei. Ehrlich gesagt, vor diesen beiden Fächern hatte ich sogar immer etwas Angst, weil mir alles sehr konfus vorkam. Aus den Wissenschaftsmagazinen, die ich als junger Mensch gelesen hatte, war mir vor allem eines in Erinnerung geblieben: Normalsterbliche können Einstein nie verstehen und so ganz kapierte ich die Bedeutung der Namen *Relativitätstheorien* ohnehin nicht. Also, warum sollte ich mich mit Einstein beschäftigen? Zudem, so dachte ich, wenn er so ein übermenschliches Genie gewesen war, war er wohl sehr snobbisch und herablassend, was dumme Erdenbürger, wie mich kleinen Stöpsel, anbelangte.

So sehr ich mich weigerte, mich tiefer mit Einsteins bahnbrechenden Erkenntnissen zu beschäftigen, sein Werk tauchte ständig immer wieder in der ein oder anderen Form auf. „Hallo, hier bin ich!" Hallöchen, da bin ich wieder!"

Da ich nie etwas von oder zu Einstein während meiner Schulzeit im Unterricht gehört oder gelernt hatte, wusste ich auch nicht, dass Einstein zahlreiche Bücher verfasst hatte; bzw., dass viele seiner Schriften und Aufsätze in Buchform vorliegen. Das war eine große Überraschung für mich, als ich dies erfuhr. Inspiriert durch

Brian Greenes Buch „*Das elegante Universum*" (ich hatte es auf Englisch gelesen), kaufte ich mir schließlich ein Buch auf Englisch von Einstein. Ich war sofort und über die Maßen inspiriert von Einsteins Aufsätzen, denn der Albert Einstein, der sich in dem Buch präsentierte, war herzlich, freundlich, humorvoll und umsorgend, was die Menschheit als Ganzes anbelangte und er mochte ganz offensichtlich Kinder.

Dadurch verlor ich meine Furcht vor dem Genie, und seine Gedanken und Erläuterungen seiner Erkenntnisse entfachten ein loderndes Feuer der Begeisterung in mir. Zusätzlich erwarb ich die Einstein-Biographie von Walter Isaacson, auch auf Englisch. Durch meine Beschäftigung mit abstrakten Kreislaufmustern und dem Erkennen der Qualitätsmerkmale der Systeme, begann mein Gehirn nach Übereinstimmungen zwischen Einsteins Erkenntnissen und den ganzheitlichen, qualitativen Konzepten zu suchen. Irgendwann stellte sich dann die Einsicht ein, dass Gravitation die Raumzeit krümmt und dadurch Parallelen zu den Kreislaufmustern gegeben waren. Das war keine allzu tiefe Erkenntnis, aber ein Anfang.

In Isaacsons Biographie faszinierte mich ein Zitat Einsteins aus seinem *Herbert-Spencer-Vortrag*. Es beinhaltete, auf Englisch wohlgemerkt, dass Einstein der Überzeugung war, dass das Universum auf den einfachsten Ideen aufbaut. Hm? Was sollte das eigentlich heißen? Wie viele Ideen sollten dies sein?

Eines Abends, es war schon recht spät, saß ich an meinem

Schreibtisch und starrte zu der Einstein-Biographie auf dem Fensterbrett. Darauf groß abgebildet war Einsteins Gesicht. Auf einmal „hörte" ich eine Stimme, nicht äußerlich, so wie man sich mit Freunden und Bekannten unterhält, sondern innerlich. Die Stimme forderte mich auf, die Originalversion des Herbert-Spencer-Vortrags zu suchen. Dies ergab zunächst keinen Sinn für mich, da ich doch – so meinte ich jedenfalls – das Originalzitat des englischen Vortrags vor mir hatte. Ich dachte dies innerlich. Daraufhin wiederholte die Stimme ihre Aufforderung, ich solle die Originalversion ausfindig machen.

Also gut. Da ich mich unter anderem auch mit Aura- und Chakra-Energiearbeit beschäftigt hatte, waren mir energetische Phänomene nicht vollkommen fremd. So wusste ich, dass ich die Stimme tatsächlich in mir gehört hatte, auch wenn das für viele verrückt klingen mag. Ich googelte also nach dem Original des Herbert-Spencer-Vortrags und in der Tat: Einstein hatte den Vortrag zuerst auf Deutsch verfasst. WOW.

Die deutsche Originalversion machte dann einen riesigen Unterschied für mich. Denn auf Deutsch hatte Einstein nicht davon gesprochen, dass das Universum auf den denkbar einfachsten Ideen aufbaut, sondern auf dem MATHEMATISCH DENKBAR EINFACHSTEN. Das ist Singular, also nicht Plural „Ideen", sondern im Grunde nur eine Idee: das EIN-FACHSTE.

Das war wie ein Blitzeinschlag im Gehirn. Eine Idee? Das

Universum eine einzige, einfache Idee, ein simples, mathematisches Konzept. Was sollte das bloß sein?

Einige Zeit verging, in der ich mich nun noch mehr in Einsteins Werk eingrub und nebenher auch noch Quantenmechanik zu verstehen versuchte. Aus den vielen Büchern, die ich las, wurde mir allmählich klar, was dieses mathematisch einfachste Prinzip für Einstein war: SYMMETRIE.

Bingo! Das war faszinierend, denn Symmetrie verbindet zwei Aspekte in Gleichheit. Da waren sie die beiden Zahlen 1 & 2. Die Erinnerungen an meinen Trip nach Hollywood kamen zurück: 12 Tage, 12. Stock, Zimmer 1212, Abfahrt 12:00 Uhr.

So begann ich mich intensiv mit Symmetrie zu beschäftigen, sowohl mathematisch als auch in der Physik und schon bald traf ich auf berühmte Wissenschaftler – Physiker wie Mathematiker –, welche die zentrale Bedeutung der Symmetrie in der Physik und Wissenschaft allgemein hervorhoben. Warum hatte ich davon in der Schule nie etwas gehört und auch nie in den Wissenschaftsmagazinen gelesen?

Mein Gehirn begann wieder Muster erkennen zu wollen; diesmal mit dem Bezugspunkt Symmetrie und nach vielen Stunden des Nachdenkens und Kontemplierens wurde mir in groben, allgemeinen Zügen bewusst, dass Symmetrie in der Tat sowohl auf der großen Ebene – beschrieben durch Einsteins allgemeine Relativitätstheorie, welche die Gravitation erfasst – als auch auf der

Quantenmechanischen Ebene, der kleinen Ebene, allem unterliegt. Symmetrie war einfach, wunderschön und in der Natur, im Kosmos, zentral.

Trotzdem ergab alles noch nicht so ganz einen vollständigen Sinn, bis ich in dem Buch des Physikers und Nobelpreisträgers Frank Wilczek „*A Beautiful Question*" las, dass es sich bei Symmetrie als dem zentralen Prinzip immer um LOKALE SYMMETRIE, nicht aber um globale Symmetrie, handelt.

Das war ein weiterer wichtiger Meilenstein. Denn nun wurde mir nochmals viel deutlicher klar, sowohl im Detail als auch in einem umfassenderen Gesamtüberblick, wie es sein kann, dass alle Phänomene im Kosmos – Raumzeit, Energie, Masse, Gravitation, konstante Lichtgeschwindigkeit, sowie insgesamt die dynamischen, lokalen Naturgesetze, die Beziehungsregeln – LOKALE SYMMETRIE umsetzen. Dadurch wurde selbst die als nicht verstehbar bezeichnete, bizarre Quantenmechanik plötzlich einfach und logisch, und es zeigte sich, dass es auf tiefster Ebene keinen Unterschied zwischen Gravitation und Quantenmechanik – die allgemeinhin in der Physik, mit Ausnahme der Stringtheorie, als unvereinbar gelten – gab.

Da lokale Symmetrie offensichtlich ein raum- und zeitunabhängiges Schöpfungs- und Organisationsprinzip der Natur ist, konnte ich damit auch nachvollziehen, wie sich

a) die immaterielle, ewige, geistige Welt aufbaut,

b) worin sich die geistige und materielle Welt oberflächlich unterscheiden, und

c) warum die beiden Reiche doch tiefgründig eins sind.

Aus diesem Verständnis ergeben sich praktische Konsequenzen für jeden einzelnen Menschen wie auch für die gesamte Menschheit und deren Zukunft. Momentan, im Jahre 2024, sieht es nicht besonders gut aus, denn alles deutet darauf hin, dass sich die Menschheit enorm weit weg vom kosmischen Schöpfungsprinzip bewegt hat und immer noch entfernt.

Von all dem handelt das nun nachfolgende Buch und es möchte auch Lösungsvorschläge unterbreiten, wie jeder Mensch und die Menschheit als Ganzes langfristig bessere Realitäten erschaffen können, die für alle Menschen und den Planeten positive Effekte erzeugen.

„Es ist von größter Bedeutung, dass der breiten Öffentlichkeit die Möglichkeit gegeben wird, die Anstrengungen und Ergebnisse wissenschaftlicher Forschung bewusst und intelligent zu erleben. (…) Die Beschränkung des Wissensbestands auf eine kleine Gruppe stumpft den philosophischen Gcist eines Volkes ab und führt zu spiritueller Armut."
Albert Einstein
(From the foreword of September 10, 1948, to Lincoln Barnett's The Universe and Dr. Einstein; 2nd rev. ed. New York: Bantam, 1957; Übersetzung durch den Autor)

KAPITEL 1

DAS EINFACHSTE PRINZIP:
Einstein entdeckte Lokale Symmetrie als wunderschöne, kosmische Ur-Idee – und warum dieses geistige Schöpfungsprinzip die Menschheit nicht umfassend verstehen konnte

Schon als 12-jährigen Jungen, als Albert Einstein (1879-1955) mit der Mathematik Bekanntschaft machte, war ihm intuitiv klar, dass die gesamte Natur als ein einfaches, mathematisches Prinzip verstanden werden kann.

„Als ich als zwölfjähriger Junge mit der elementaren Mathematik (...) Bekanntschaft machte, kam ich immer mehr zu der Überzeugung, dass sogar die Natur als relativ einfache mathematische Struktur verstanden werden kann."
Albert Einstein
(zitiert in: The Tower, 13 April 1935; Einstein to the Princeton High School reporter Henry Russo; Übersetzung durch den Autor)

Einfachheit, Mathematik, Schönheit, dies waren für Einstein von Anfang an die eleganten Leitgedanken für seine Neugier, die Welt verstehen zu wollen. Zusammen mit seiner großen Vorstellungsgabe konnte er dann später als junger Mann in Bern seine ersten wissenschaftlichen Erfolge ab 1905 erzielen.

Aus geistig-spiritueller Sicht war Bern ein idealer Ort für Einstein, sich dort dem geistigen Schöpfungsprinzip anzunähern. Die jüdische Kultur ist ohnehin stark von einer zweigliedrigen, ganzheitlichen Grundstruktur geprägt. Gott offenbart sich Moses als „ICH BIN (1) DER ICH BIN (2)." Die Lokale Symmetrie, die Einstein letztlich mit seinen wissenschaftlichen, revolutionären Erkenntnissen als geistig-kreatives, kosmische Prinzip entdecken sollte, verbindet ebenso zwei Aspekte in Gleichheit zu einem Ganzen.

In Bern befindet sich unweit Einsteins Appartement in der Kramgasse eine Brunnenstatue von Moses, der die zwei Tafeln mit den 10 Geboten den Passanten präsentiert. Zwei Tafeln (1, 2) mit der zweistelligen Zahl 10, bestehend aus 1 und 0. Das ist das Prinzip des Bits, der Essenz von Information. Das Bit besteht aus zwei Bit-Werten, zwei Ziffern: 1 und 0.

Blickt man von Einsteins Appartement aus dem Fenster zur Kramgasse, so sieht man direkt auf eine weitere Statue auf einem Brunnen in der Mitte der Gasse: den Löwenbändiger, der dem Löwen in den Rachen schaut. Dies ist ein uraltes Symbol für den nach kosmischer Weisheit suchenden Menschen.

Das große Ziffernblatt der Uhr des Turms Zytglogge mit ihren zwei Zeigern, mit dem Sonnen- und Mondsymbol, präsentiert ebenfalls die Zweiheit in der Einheit des höchst symmetrischen Kreises in unmittelbarer Nähe von Einsteins Wohnung.

Hinzu kommt, dass die Nationalflagge der Schweiz ein weißes Plus-Zeichen auf rotem Hintergrund zeigt.

Wie wir später noch erkennen werden, ist das Plus-Zeichen die Version von Lokaler Symmetrie, welche grundlegend für die

Evolution des materiellen Kosmos ist. Das Wahrzeichen Berns ist der Bär. Zusammen mit dem Pluszeichen der Nationalflagge wird symbolisch deutlich, dass es eine Verbindung von Natur und Mathematik, das heißt, Lokaler Symmetrie, gibt.

Alles in allem hatte das Schicksal Einstein als Juden an einen Ort auf dem Planeten geleitet, der aufgrund seiner vielfältigen Einheitssymbole in der Stadt für die mathematisch-physikalische Entdeckung des einen schönen, geistigen, kosmischen Schöpfungsprinzips geradezu ideal war. Selbst im Patentamt, wo Einstein arbeitete und über das Universum nachdachte, war er symbolisch bestens betreut. Denn das Zeichen der Patentbehörde ist das Plus-Zeichen in einer Edelweißblüte.

Aus geistiger Sicht hatte Einstein also für sein Vorhaben das große Los gezogen. Das materiell-irdische Dasein in Bern war hingegen nicht immer nur besonders freudvoll, auch wenn Einstein in seiner Frau eine geistreiche Gesprächspartnerin gefunden hatte und er mit seinen zwei Freunden, mit denen er die Akademie Olympia gründete, die einmaligen Sonnenaufgänge über Bern von den Bergeshöhen genießen konnte.

Hartes inneres Ringen, unzählige Stunden des Nachdenkens und des Imaginierens öffneten Einstein immer mehr die heilige Pforte, die Flügeltüre, zur geistig-ewigen Welt. Sein, wie er es selbst nannte „Glücklichster Gedanke" ereignete sich 1907 in der Berner Patentbehörde. Einstein wurde dort mit einem Geistesblitz klar, dass für die Natur die zwei, für die menschlichen Sinne scheinbar unvereinbaren Gegensätze, RUHE und BEWEGUNG, lokal gleich sind. Gleichheit bedeutet hier also lokale Symmetrie, und Einstein nannte diese Entdeckung der Lokalen Symmetrie *Äquivalenzprinzip*. Zudem wunderte sich Einstein immer wieder darüber, warum ein materieller Körper, wie zum Beispiel eine Kugel, zwei identische, also symmetrische Massen hat.

Diese Grunderkenntnisse der Gleichheit, zusammen mit den Erkenntnissen früherer Physikergrößen, wie Galileo, Newton und Maxwell, erlaubten Einstein 1915 mit seiner zweiten großen Theorie, der allgemeinen Relativitätstheorie, schließlich definitiv die für ihn zentrale Frage zu beantworten: *Sind die lokalen, dynamischen Naturgesetzte – die Beziehungsregeln der Natur, des Kosmos – immer und überall gleich, symmetrisch?* Dank seines neuen, erweiterten Verständnisses der Gravitation, welche Newtons Erkenntnisse vervollständigte, war mathematisch wissenschaftlich klar: *Ja, die Naturgesetze sind zu jeder Zeit und an jedem Ort immer gleich, also symmetrisch.*

Die Bedeutung dieser etwas trocken klingenden Erkenntnis kann nicht stark genug betont werden, denn genau hierin hatte sich für Einstein das ewige, geistige Prinzip des Kosmos, die Ur-Idee, die Ur-Information, vollständig offenbart. Warum?

Ganz einfach: Die dynamischen Naturgesetze sind lokal. Darüber hinaus sind sie an jedem Ort und zu jedem Zeitpunkt immer identisch, gleich, symmetrisch. Zusammengefasst ergibt dies das Grundprinzip der LOKALEN SYMMETRIE.

Die Raumzeit, die kosmische Bühne, auf der sich alles abspielt, ist damit ebenso bestimmt von Lokaler Symmetrie, denn nur so kann gewährleistet werden, dass es die lokalen Naturgesetze auch sind. Das herausragende Phänomen, das die lokal-symmetrische Verfasstheit der Raumzeit garantiert, ist wiederum ein lokales, symmetrisches Naturgesetz: die konstante Lichtgeschwindigkeit c im leeren Raum, dem Vakuum. Dadurch wird insgesamt gewährleistet, dass alle zentralen Bestandteile des Universums – Raumzeit, Energie, Masse, Gravitation und konstante Lichtgeschwindigkeit – eine große, harmonische Einheit sind. Der Kosmos (Griechisch für „Ordnung") ist, so wurde wissenschaftlich klar, ein allumfassendes Ganzes dank seines einfachen, wunderschönen und intelligenten Grundprinzips: Lokale Symmetrie.

Das Fundament der Realität beinhaltet dadurch eine innere Logik der verbundenen, harmonischen Systematik – eine überwältigend harmonische Gesetzmäßigkeit.

„In der Verbundenheit mit allen Teilen liegt die Bedeutung des Fundaments."
Albert Einstein
(Aus Meinen Späten Jahren, 2005, S.108)

„Seine [des Forschers] Religiosität liegt im verzückten Staunen über die Harmonie der Naturgesetzlichkeit, in der sich eine so überlegene

Vernunft offenbart…"
Albert Einstein
(Mein Weltbild, 2017, S.22)

Wie konnte es sein, dass die Menschheit diese Sensation, also die wissenschaftliche Entdeckung des geistigen, sich selbst logisch und vernünftig organisierenden, dynamischen Schöpferprinzips nicht aufnahm?

Albert Einstein war sich voll bewusst, dass er die zentrale Stellung der Lokalen Symmetrie (Harmonie, Balance, Ganzheit, Schönheit) wissenschaftlich aufgedeckt hatte. Aus diesem Grunde wollte er seine zweite Theorie, die den Nachweis hinsichtlich der Symmetrie der lokalen Naturgesetze vervollständigt hatte, auch nicht allgemeine Relativitätstheorie, sondern INVARIANTEN-THEORIE nennen. Invarianz ist ein technisch-wissenschaftlicher Begriff, der besagt, dass sich etwas *nicht ändert*, also *invariant* ist. Was sich nie ändert sind die lokalen Naturgesetze. Daher bedeutet Invarianz hier Lokale Symmetrie und damit heißt die allgemeine Relativitätstheorie eigentlich **Lokale-Symmetrie-Theorie**.

Nochmals: damit hatte Einstein die zentrale Idee im Kosmos wissenschaftlich entdeckt. Diese Idee kann durchaus als Gott bezeichnet werden. Es geschah also zu Beginn des 20. Jahrhunderts nichts weniger als der wissenschaftliche Nachweis der Existenz und allgegenwärtigen Präsenz Gottes, dem ewigen Schöpfungsprinzip.

Was die Menschheit aufgrund des unglücklichen Namens Relativitätstheorie geistig aufnahm, waren Slogans wie, „Alles ist relativ", „Alles ist richtig", „Es gibt keine Wahrheit". Ein totales Desaster geistig-seelischer Natur machte sich damit in der Menschheit breit, so dass es nun, zu Beginn des 21. Jahrhunderts, nicht verwundern muss, dass ein sich maximierender Globalismus, also globale Symmetrie (Einheit, Gleichmacherei, alles vereinnahmende Kontrolle) sowohl die Umwelt als auch die Menschheit immer mehr an den Rand des Kollapses führt.

Die Größe von Lokaler Symmetrie ist es, dass sie immer und überall, selbst in den kleinsten Phänomenen, den Quanten – wie Photonen oder Elektronen – vorhanden ist.

„…das ergebene Streben nach dem Begreifen eines noch so winzigen Teiles der in der Natur sich manifestierenden Vernunft."
Albert Einstein
(Mein Weltbild, 2017, S.12)

Dadurch, dass Lokale Symmetrie selbst im Kleinsten zugegen ist, kann sich der Kosmos effektiv, effizient und intelligent selbstorganisieren und ein großes, wunderschönes Einheitsnetzwerk sein. Globale Symmetrie hingegen – also ein top-down, zentralistisch managendes Naturprinzip – gibt es nicht, dafür sorgt schon die begrenzte Geschwindigkeit der Informationsübertragung aufgrund der konstanten Lichtgeschwindigkeit. Globale Symmetrie, das lehrt uns die *Natur-Wissenschaft*, gibt es nicht und funktioniert daher auch nicht als langfristig, konstruktives Schöpfungsprinzip.

Das ist das spirituell-materielle Dilemma, in dem sich die Menschheit befindet, da die lebenswichtige Botschaft, die Albert Einstein für die Menschheit zur Verfügung stellte, nicht verstehend aufgenommen werden konnte.

„Nach unserer bisherigen Erfahrung sind wir nämlich zum Vertrauen berechtigt, dass die Natur die Realisierung **des mathematisch denkbar Einfachsten** ist."
Albert Einstein
(Zur Methodik der Theoretischen Physik, der Herbert-Spencer Vortrag, 10 June 1933; Fettung durch den Autor)

KAPITEL 2

DER LEUCHTENDE NORDSTERN:
Lokale Symmetrie als Wegweiser der modernen Wissenschaft – von Galilei bis Einstein

„… wir hoffen, mit dem Leitmotiv der Symmetrie hervorzuheben, dass der Fortschritt in der Wissenschaft von der Vorstellungskraft, der Inspiration und dem Engagement der Wissenschaftler abhängt (…). Diese Denkweise (…) sollte in unseren Schulen vom Kindergarten bis ins Gymnasium gelehrt werden. Für alle Studierenden (…) wird sich die wissenschaftliche Denkweise herausbilden, um den Absolventen auf alle möglichen Zukunftsaussichten vorzubereiten und anzuleiten. Und Symmetrie, der Rahmen, auf dem unsere wissenschaftlichen Leinwände gespannt sind, wird die Ästhetik, die unbezahlbaren Blitze der Klarheit und (…) das Gefühl hinzufügen (…), dass die Welt so sein muss."
Leon M. Lederman & Christopher T. Hill
(Symmetry and the Beautiful Universe, 2004, s. 293; Übersetzung durch den Autor)

Bevor wir uns näher mit der Lokalen Symmetrie als ewiges, geistiges Schöpfungsprinzip beschäftigen und nach Lösungen für die Probleme suchen wollen, die der ausufernde Globalismus (Globale Symmetrie) mit sich bringt, soll zunächst eine historische Betrachtungsweise deutlich machen, dass das Prinzip der Lokalen Symmetrie fundamental ist. In dem nun folgenden Kapitel wird dies anhand der Entwicklung der modernen Wissenschaft erläutert werden.

Galileo Galilei
der Beginn der wissenschaftlichen Entdeckung der Lokalen Symmetrie

Die Ära der modernen Wissenschaft beginnt mit dem großen Wissenschaftler Galileo Galilei (1564-1642). Genau wie bei Einstein, so wird auch bei diesem Wissenschaftsgenie der für die Menschheit überlebenswichtige Inhalt seiner Entdeckungen nicht einmal ansatzweise verstanden. Was war der so essentielle Kerninhalt von Galileos wissenschaftlicher Forschung? Die Entdeckung der Bedeutung der Lokalen Symmetrie in der Natur.

Zum einen stellte Galileo fest, dass unterschiedlich massereiche Objekte, die er, so heißt es, vom schiefen Turm von Pisa herabfallen ließ, gleich schnell zur Erde rasten, wenn man den Luftwiderstand ignoriert. Damit war zwischen den unterschiedlichen Objekten eine lokale Gleichheit, also Symmetrie, gegeben, welche auf der tieferliegenden Lokalen Symmetrie der zwei identischen Massen in einem Körper beruht, wie später noch erläutert wird.

Zum anderen konnte Galileo erkennen, dass die Naturgesetze sowohl für Beobachter in Ruhe und Personen, die sich – bezogen auf den stillstehenden Beobachter – mit gleichförmiger Geschwindigkeit geradeaus bewegten, die gleichen waren. Auch dies ist ein Ausdruck von Lokaler Symmetrie, denn örtlich gesehen gelten bei beiden Beobachtern, wie gesagt, die gleichen Naturgesetzte.

Anstatt sich darüber zu freuen, dass es einem Wissenschaftler gelungen war, ein so zentrales, einfaches und schönes Prinzip in der Natur nachweisen zu können, wurde Galileo letztlich für sein eigenständiges Denken von der Kirche verfolgt.

Dabei hatte Galileo noch eine weitere, wichtige Erkenntnis erlangt, die ebenso nicht in ihrer Bedeutung gewürdigt wurde. Galileo war klar, dass die Natur sich der Sprache der Mathematik bedient.

„Philosophie ist in dem großen Buch geschrieben, das immer vor unseren Augen liegt – ich meine im Universum –, aber wir können sie nicht verstehen, wenn wir nicht zuerst die Sprache lernen und die Symbole begreifen, in denen sie geschrieben ist. Dieses Buch ist in der mathematischen Sprache geschrieben…"
Galileo Galilei
(The Assayer, 1623, as translated by Thomas Salusbury in 1661, S.178; Übersetzung durch den Autor)

Warum macht diese Feststellung Galileos tiefen Sinn? Die Antwort ist ganz einfach: Symmetrie verbindet, wie erwähnt, zwei Aspekte in Gleichheit zu einer Einheit. Besonders schön und deutlich kann dies an der Tatsache nachvollzogen werden, dass jeder massereiche Körper zwei identische, äquivalente Massen hat: die Ruhemasse (auch Trägheitsmasse genannt) und die Gravitationsmasse (auch als Schweremasse bezeichnet). Im Zentrum der Gleichheitsfeststellung steht das Gleichzeichen, das ein mathematisches Symbol ist.

„Symmetrie ist eng mit dem grundlegendsten mathematischen Konzept verbunden: der Äquivalenz. Wenn in der Mathematik zwei Dinge dasselbe oder gleichwertig sind, sagen wir, dass sie gleich sind, und verwenden das allgegenwärtige = Zeichen."
Leon M. Lederman & Christopher T. Hill
(Symmetry and the Beautiful Universe, 2004, S.14-15; Übersetzung durch den Autor)

Durch das Gleichzeichen werden zwei Aspekte vereint: Der erste Aspekt ist gleich dem zweiten Aspekt. Damit wird ausgedrückt, dass die beiden Aspekte in einer Beziehung stehen, die vermittelt, dass klar ist, dass Identität vorliegt. Diese Klarheit muss als Bewusstheit verstanden werden. Die beiden Aspekte oder Teile sind sich selbstbewusst, da jeder Teil vom anderen, aufgrund des Gleichzeichens in der Mitte, weiß, dass Übereinstimmung herrscht, auch wenn die beiden Phänomene für die menschlichen Sinne oberflächlich gesehen unterschiedlich erscheinen mögen.

Diese tiefliegende Einheit, welche sich aus der Lokalen Symmetrie ergibt, zeigt, dass dieses Naturprinzip fundamental – also auf höchster, abstrakter Ebene – Bewusstheit ist. Mathematik als die abstrakteste Sprache, spiegelt diese Selbst-Bewusstheit des Kosmos mittels der Lokalen Symmetrie am elegantesten wider.

Der Beginn der modernen Wissenschaft geht also einher mit der Auffindung eines zentralen Naturprinzips, das aufgrund seines mathematischen Charakters deutlich macht, dass immaterielle Bewusstheit im Kosmos, in der Natur, bestimmend ist.

Diese wissenschaftliche Sensation wurde zu Galileos Zeiten nicht erkannt und ist bis heute nicht im Mainstream angekommen.

Wie weit Galileo mit seiner bahnbrechenden Arbeit gelangt war, zeigt sich daran, dass nur noch die Frage offenblieb, ob die Naturgesetze auch für sich beschleunigende Bezugssysteme die gleichen waren wie für sich in Ruhe befindliche, oder sich gleichförmig geradeaus bewegende Beobachter. Die Bestätigung, dass dem so ist, konnte erst Einstein mehrere Jahrhunderte später mit seiner zweiten großen Theorie, der allgemeinen Relativitätstheorie, die eigentlich Lokale-Symmetrie-Theorie heißen sollte, liefern und damit vollständig wissenschaftlich nachweisen, dass Lokale Symmetrie das zentrale Prinzip im Universum ist.

Insgesamt mag es nicht verwundern, dass alle großen Physiker, von Galileo über Newton bis hin zu Planck, Schrödinger, Heisenberg und Einstein, entweder sehr religiös oder spirituell waren. Denn ihnen allen war klar, dass ihre wissenschaftliche Arbeit durch die erlangten Ergebnisse über den Kosmos stets eine überwältigende Harmonie, Einheit und letztlich wundersame, allem zugrundeliegende hoch intelligente Geistigkeit offenbarte – eine Geistigkeit, die der des Menschen weit überlegen ist.

Isaac Newton

Die grandiose Fortsetzung der wissenschaftlichen Entdeckung

der Lokalen Symmetrie

Wie sollte es anders sein: genau wie bei Galileo und später bei Einstein wird bis heute die tiefe Bedeutung der wissenschaftlichen Erkenntnisse Isaac Newtons (1643-1727) nicht verstanden.

Kaum Beachtung findet Newtons Leistung, die lokale Symmetrie der zwei Massen eines Körpers mathematisch nachzuweisen. Dies war Galileo noch nicht gelungen. Für Einstein war die Lokale Symmetrie, die Äquivalenz der beiden Massen, der ausschlaggebende Anreiz, der ihn wesentlich dazu motivierte, seine allgemeine Relativitätstheorie, die Lokale-Symmetrie-Theorie, zu formulieren.

„Mit ein paar knappen Sätzen hat Newton das tiefste Prinzip der Newtonschen Mechanik zum Ausdruck gebracht – die Identität von schwerer und träger Masse."
Daniel Berlinski
(Newton's Gift, 1998, S.138; Übersetzung durch den Autor)

Bekannt ist Newton vor allem für seine drei Bewegungsgesetze und die mathematische Formel für Gravitation, welche Newton noch als Anziehung von Massen verstand. Ohne diese Erkenntnisse an dieser Stelle im Detail besprechen zu wollen, so lässt sich doch in der Gesamtschau auch hier wieder Lokale Symmetrie erkennen. Denn, dies war auch Newton aufgefallen: die von ihm beschriebenen Naturgesetze existierten in Harmonie, also Symmetrie, welche sich stets lokal präsentiert, wie das Beispiel der zwei identischen Massen von Körpern (die immer lokal existieren) sehr gut greifbar verdeutlicht.

Newtons zweites Bewegungsgesetz beinhaltet in seiner Formel **F=ma** mit dem Term „**m**" die Trägheitsmasse, welche mit „**a**" beschleunigt wird, so dass man von einer Kraft „**F**" sprechen kann, die auf die Ruhemasse wirkt. In seiner Formel für Gravitation steht „**m**" für Gravitationsmasse. Da die beiden Massen immer in einem lokalen massereichen Objekt symmetrisch zusammenfallen, sollte es eben auch nicht verwundern, dass, wie gesagt, alles in der Natur stets in einer lokalen und damit auch global-ganzheitlichen Harmonie, einer Konformität mit sich selbst, vorzufinden ist. Mit seiner Gravitationsformel konnte Newton zudem ein Naturgesetz aufzeigen, welches alles zu einer Einheit im Kosmos umschloss. Jede Formel, die ein Naturgesetz abbildet, beinhaltet im Zentrum das Gleichzeichen, das Markenzeichen für Lokale Symmetrie. Auch Newton verstand, dass Mathematik die zentrale Sprache war, um den großen Rahmen der Natur beschreiben zu können.

Für Newton zeigte sich im Kosmos eine göttliche Einfachheit, die überall und immer zugegen war. Ihm war ferner ahnend bewusst, dass die Regeln für die kleinsten Objekte prinzipiell gleich den Regeln für die Ereignisse auf der großen Ebene sein mussten, also mit Blick auf den Mikrokosmos und den Makrokosmos Symmetrie gegeben war. Diese Symmetrie ist Lokale Symmetrie, da nur so der Mikrokosmos (das Lokale) überall mit der Gesamtheit des Universums, dem Makrokosmos, eins sein kann.

Die Newtonschen Erkenntnisse zeigen damit ebenso deutlich auf, dass im Kosmos ein fundamentales Beziehungsgeflecht gegeben ist, welches überall, an jedem Ort, und zu jedem Zeitpunkt eine Harmonie aufrechterhält, die das bereits beschriebene Selbstbewusstsein verdeutlicht, welches die Essenz von Harmonie, Balance, Einheit, Ganzheit und damit Lokaler Symmetrie ist.

Wie weit Newton in der Erfassung der Bedeutung Lokaler Symmetrie gekommen war, zeigt sich auch daran, dass er Raum und Zeit als absolut beschrieb. Damit begriff er die beiden Phänomene als letztlich gleichartig, also symmetrisch. Es blieb allerdings Albert Einstein vorbehalten, die wahre, symmetrische Einheit von Raum und Zeit als Raumzeit voll zu erfassen, was auch die Formbarkeit der Raumzeit beinhaltet, die u.a. durch die Gravitation laut Einsteins Erkenntnis als Raumzeitkrümmung umgesetzt wird. Denn nur durch die Formbarkeit der Raumzeit kann, wie Einstein verdeutlichte, in einem dynamischen Kosmos die Lokale Symmetrie der Naturgesetze garantiert und damit das zentrale Prinzip der Lokalen Symmetrie fortwährend umgesetzt werden. Ruhe ist damit im Kosmos – aufgrund der formbaren, symmetrischen Einheit der Raumzeit – lokal gleich jeglicher Bewegung. Das ist höchste Harmonie, Balance, Schönheit,

Eleganz und Einheit: zeitlose selbstbewusste Geistigkeit.

Newton wusste dies intuitiv, er spürte diese Einheits-Gleichheit oder Selbstähnlichkeit des Kosmos fortwährend und sah sie förmlich vor sich, weswegen er dies auch immer wieder so formulierte:

„Gott (...) ist einfach und nicht zusammengesetzt. Er ist ganz wie er selbst und ihm gleich..."
Isaac Newton
(zitiert in: The Religion of Isaac Newton von Frank E. Manuel, 1974, S.73; Übersetzung durch den Autor)

„Wahrheit liegt immer in der Einfachheit und nicht in der Vielfalt und Verwirrung der Dinge. Da die Welt, die für das bloße Auge die größte Mannigfaltigkeit der Gegenstände aufweist, in ihrer inneren Beschaffenheit bei Betrachtung durch einen philosophischen Verstand sehr einfach erscheint, und zwar umso einfacher, je besser sie verstanden wird (...) Es ist die Vollkommenheit der Werke Gottes, dass sie alle mit größter Einfachheit ausgeführt werden. Er ist der Gott der Ordnung und nicht der Verwirrung. Und deshalb (...) müssen diejenigen, die den Rahmen der Welt verstehen wollen, versuchen, ihr Wissen auf die größtmögliche Einfachheit zu reduzieren..."
Isaac Newton
(zitiert in: The Religion of Isaac Newto von Frank E. Manuel, 1974, S.49; Übersetzung durch den Autor)

Kein Wunder also, dass Einstein Jahrhunderte später eine tiefe, geistige Freundschaft für Isaac Newton empfand. Indem Newton mathematisch die Übereinstimmung der zwei Massen erfassen konnte, hatte er den Beweis für Lokale Symmetrie, also für die superintelligente Bewusstseinsbasis des Kosmos, sprichwörtlich auf den Punkt gebracht.

Genau wie bei Einstein und Galileo verankerte sich in der kollektiven Wahrnehmung und im kollektiven Gedächtnis nicht, dass wissenschaftlich *reines Bewusstsein, oder Gott*, als alles bedingende Grundlage nachgewiesen wurde, sondern, dass Newton zum Beispiel verantwortlich für ein reduktionistisches, mechanisches Weltbild sei, also eine rein materielle Weltsicht, nach der alles vorherbestimmt und berechenbar ist. Das ist die Tragik im Bewusstsein der Menschheit. Die sensationellen Möglichkeiten, sich mit dem geistigen Prinzip – verstärkt durch die mathematisch-wissenschaftlichen Erkenntnisse – zu verbinden und zu verstehen, wie das kosmische Bewusstsein funktioniert, wurden nie wahrgenommen. Wohin diese verpassten Chancen führen, kann man heute, am Anfang des 21. Jahrhunderts, mit Schrecken sehen.

James Clerk Maxwell
Die wissenschaftliche Entdeckung der Lokalen Symmetrie in der konstanten Lichtgeschwindigkeit c

Ein ganz großer Meilenstein in der Geschichte der Physik ist, dass Maxwell (1831-1879), aufbauend auf den Erkenntnissen Faradays (1791-1867), herausfand, dass die Lichtgeschwindigkeit im leeren Raum konstant ist. Konstante Lichtgeschwindigkeit c tauchte in seinen Gleichungen zum Elektromagnetismus auf.

Ein Problem für Nicht-Physiker ist es, dass es für den Begriff Symmetrie so viele Synonyme in der Wissenschaft gibt. So bedeutet z.B. das Wort „konstant" auch Symmetrie, denn wenn etwas konstant ist, bleibt es immer gleich und Gleichheit ist Symmetrie. Lichtgeschwindigkeit c ist somit symmetrisch und zwar lokal symmetrisch.

Es war Einsteins Genie, welches erkannte, dass die Konstante (die Symmetrie) c nicht nur ein erstaunlicher Term in Maxwells Gleichungen war, sondern sogar ein höchst essentielles, lokales, dynamisches, symmetrisches Naturgesetz. Denn, so stellte Einstein fest, die eine konstante Lichtgeschwindigkeit gilt sowohl für den Raum als auch für die Zeit und fixiert daher die beiden für den Menschen so fundamentalen Messmöglichkeiten lokal in einem konstanten, also symmetrischen Verhältnis. Das Fundament der Physik, das Messen, basiert damit auf dem mathematischen Prinzip der Lokalen Symmetrie.

„Physik ist diejenige Gruppe von Erfahrungswissenschaften, die ihre Begriffe auf das Messen gründet."
Albert Einstein
(Aus Meinen Späten Jahren, 2005, S. 107)

Da dieses Verhältnis von Raum und Zeit fixiert ist, hat jeder Beobachter stets die gleichen, lokal-symmetrischen Messeinheiten von Raum und Zeit zur Verfügung. Möglich wird dies, weil die

Formbarkeit der Raumzeit in diesem Symmetrie-Kontext stets so funktioniert, dass dadurch für jeden Beobachter – egal ob er sich in Ruhe befindet oder sich bewegt – immer die fixe (lokal-symmetrische) Raum-Zeit-Beziehung garantiert wird. Dies wiederum bedeutet, dass jeder Beobachter immer und überall die gleichen Naturgesetze feststellen kann. Der Kosmos funktioniert also basierend auf Lokaler Symmetrie und sorgt daher lokal – immer und zu jeder Zeit – dafür, dass sein elegantes Grundprinzip, seine ewige, harmonische, strahlend schöne Selbstbewusstheit gewahrt ist.

Deutlich wurde ebenso, dass die konstante Lichtgeschwindigkeit, gerade weil sie Raum und Zeit in eine lokal-symmetrische, systematische Beziehung setzt, auch alle anderen Phänomene –Energie, Masse, Gravitation – in diese berauschende Einheit und Ganzheitlichkeit einband.

Nicht umsonst wird das Licht, welches den Kosmos sichtbar werden lässt und Leben im Universum mitermöglicht seit ewigen Zeiten von Menschen als besonderer Ausdruck des Göttlichen empfunden.

Max Planck

Das Wirkungsquantum h: die Entdeckung der Lokalen Symmetrie als Konstante auf der kleinsten Ebene der Quantenmechanik

In den Jahren 1899 - 1900 entdeckte der deutsche Physiker, Max Planck (1858-1947), das kleinste „h" im Kosmos. Der Buchstabe „h" (von Englisch „help", also Hilfe) steht nämlich für das kleinste Ding im Universum: das Wirkungsquantum. Als Planck es entdeckte, glaubte er zunächst, dass dies nicht real sein könne. Deshalb gab er dem kleinsten Teil von Energie – genauer gesagt, Bewegungsenergie – in seiner Formel den Buchstaben h (Hilfe), da der verdutzte Planck überzeugt war, dass „h" nur ein Hilfsterm war, der später wieder wegfallen würde, sobald er mehr Einblicke durch seine Forschung gewonnen hätte.

Das „h" blieb aber, und es war dann Einstein, der mithilfe des photoelektrischen Effekts deutlich machte, dass es sich dabei um ein real existierendes Phänomen handelte. Dic Bewegungsenergie präsentiert sich tatsächlich in kleinsten Einheiten, kleinsten Teilchen, den Quanten (wie Photonen, Elektronen, etc.). Darüber hinaus konnte Einstein dann ferner klarstellen: Licht, also Bewegungsenergie, kann wirklich sowohl Teilchen (1) als auch Welle (2) sein. Für seine Erkenntnisse zum Licht bekam er dann seinen Physiknobelpreis.

Was sagt uns das plancksche Wirkungsquantum „h", die,

wenn man so will, kleinste Teilchenversion im Universum mit Blick auf das zentrale Naturprinzip Lokale Symmetrie?

Dies lässt sich leicht erklären, denn h ist eine Naturkonstante. Das heißt, h als kleinste Grundgröße der Quanten (kleinste Partikel wie Photonen oder Elektronen) ist immer gleich, also symmetrisch. Da h ferner das kleinste „Ding" ist, ist h auch lokal. Folglich repräsentiert h auf der kleinsten Ebene der Quantenmechanik als kleinste EINHEIT das primäre Naturprinzip der Lokalen Symmetrie, und damit – da es das **kleinste Ganze** ist – auch das **Gleichzeichen** im Herzen der Lokalen Symmetrie. Denn nur so kann diese kleinste Einheit, das h, die gesamte Lokale Symmetrie Gleichung auch umsetzen.

Daraus ergibt sich: das kleinste, konkrete, lokalisierte Energiebündel (1) ist **gleich** etwas Weiterem (2). Das Quantum ist ein Teilchen (1) und gleich MEHR (2). Dieses Weitere, dieses Mehr, ist, wie wir in Kapitel 4 noch genauer besprechen werden, dann z.B., dass das konkret lokalisierbare Quantum (1) sich im nächsten Moment an MEHREREN Orten (2) **gleich**zeitig befinden und daher als nicht-lokales Wellensystem erfasst werden kann.

Hier lohnt es sich zu vergegenwärtigen, dass bereits die Pythagoräer, für welche das Prinzip der Zahl im Kosmos essentiell war, auch Harmonie, d.h. Symmetrie, als grundsätzlich ansahen.

„Das spekulative Denken des Pythagoras mündet in der Forderung nach Symmetrie."
Umberto Eco
(Die Geschichte der Schönheit, 2009, S.72)

Der bekannte Physiker, Werner Heisenberg (1901-1976), hebt in seinem Buch „*Schritte über Grenzen*" sehr deutlich hervor, dass es im Kosmos zwei ganz zentrale Naturkonstanten gibt – das heißt, zwei zentrale, immer gleiche Standards oder Maß- bzw. Zähleinheiten, also ordnende, strukturierende Lokale Symmetrien. Es geht hier, so sagt Heisenberg, um „die grundsätzliche Bedeutung der beiden besonders essentiellen Naturkonstanten, des Planckschen Wirkungsquantums und der Lichtgeschwindigkeit." (S.25)

1) Das kleinste, konstante (symmetrische) **Wirkungsquantum h**

2) Die konstante (symmetrische) **Lichtgeschwindigkeit c**

Diese beiden Phänomene können daher zum einen als essentielle Manifestationen der Grundidee Lokale Symmetrie verstanden werden, die der Natur helfen, Lokale Symmetrie im ganzen Kosmos überall, örtlich, und immer, in jedem Moment, umzusetzen.

Zum anderen wird erneut deutlich, dass die Grundlage der Physik, das Messen, auf Lokaler Symmetrie aufbaut und damit Lokale Symmetrie selbst als das Fundament des Begreifens hindurch scheint.

„Alles ist nach der ursprünglichen Natur der Dinge konstruiert und offenbar nach der Logik der Zahlen gestaltet. Diese nämlich war das anfängliche Muster im Geiste des Schöpfers."
Boethius
(De institutione arithmetica, I, 2; zitiert in: Die Geschichte der Schönheit von Umberto Eco, 2009, S.77)

"Ich glaube, die modern Physik hat an dieser Stelle definitiv für Plato entschieden. Denn die kleinstein Einheiten der Materie sind tatsächlich nicht physikalische Objekte im gewöhnlichen Sinn des Wortes; sie sind Formen, Strukturen oder - im Sinne Platons – Ideen, über die man unzweideutig nur in der Sprache der Mathematik sprechen kann. Die gemeinsame Hoffnung von Demokrit und Plato war es gewesen, bei den kleinsten Einheiten der Materie dem „Einen" näher zu kommen, dem einheitlichen Prinzip, das den Lauf der Welt regelt. Plato war überzeugt, dass dieses Prinzip nur in mathematischer Form ausgedrückt und verstanden werden könne."
Werner Heisenberg
(Schritte über Grenzen, Gesammelte Reden und Aufsätze, 1977, S.236)

"Der (…) Charakter der modernen Atomphysik beruht letzten Endes auf der Existenz des Planckschen Wirkungsquantums, auf dem Vorhandensein eines Maßstabes von atomarer Kleinheit in den Naturgesetzen.
Werner Heisenberg
(Schritte über Grenzen, Gesammelte Reden und Aufsätze, 1977, S.25)

"…die Lichtgeschwindigkeit, (…) Ihre grundsätzliche Rolle als Maßstab in den Naturgesetzen ist aber erst durch Einsteins Relativitätstheorie verstanden worden. Zwischen Raum und Zeit (…) bestehen Beziehungen, und in der mathematischen Formulierung dieser Beziehungen erscheint die Lichtgeschwindigkeit als die charakteristische Konstante (…) Die Lichtgeschwindigkeit ist ein von der Natur gesetztes Maß, das nicht über bestimmte Dinge in der Natur,

sondern über die allgemeine Struktur von Raum und Zeit Auskunft gibt."
Werner Heisenberg
(Schritte über Grenzen, Gesammelte Reden und Aufsätze, 1977, S.25)

Diese Einschätzung Heisenbergs sollte uns nicht verwundern. Denn mit dem kleinsten, symmetrischen „Ding", dem Wirkungsquantum h, unterstreicht der Kosmos auf der kleinsten Ebene, dass Lokale Symmetrie sein leitendes, mathematisches, einfaches und wunderschönes Prinzip, seine Ur-Idee ist.

Mit der konstanten Lichtgeschwindigkeit c legt das Universum ferner fest, dass Dynamik als Maximum durch den leeren Raum, also maximale Bewegung, Geschwindigkeit, ebenso nach dem ewigen, mathematischen Standard der Lokalen Symmetrie ausgerichtet ist.

Da die eine konstante Lichtgeschwindigkeit Raum und Zeit lokal in einer symmetrischen, systematischen Beziehung fixiert und dies ferner bedeutet, dass alles unter der Schirmherrschaft der Lokalen Symmetrie im Kosmos eine Einheit ist, wird auch verständlich, dass die Wechselwirkungen (Kräfte) im Universum auf lokaler Symmetrie beruhen, wie Physiker herausfanden.

Auf der großen Ebene basiert Gravitation auf dem Konzept der Lokalen Symmetrie und auf der kleinen Ebene der Quantenmechanik sind es die starke und schwache Wechselwirkung, sowie der Elektromagnetismus.

Noch etwas wird verständlich: Da uns die konstante Lichtgeschwindigkeit erkennen lässt, dass alles eine lokal-symmetrische Ganzheit ist, muss sich ein Quantum, wie ein Elektron, a) als Gesamtsystem der konstanten Lichtgeschwindigkeit unterordnen und b) in einem mathematischen Symmetrieraum eingebettet sein, der dann lokal die Interaktionen (Wechselwirkungen) reguliert. Beim Elektron ist dieser unterliegende Symmetrieraum der Elektromagnetismus, der lokal per Photonen (Quanten des Elektromagnetismus) die Interkationen der Elektronen ermöglicht.

In Kapitel 4, in dem Lokale Symmetrie genauer untersucht wird, werden wir darauf vertieft zurückkommen und dann auch sehr leicht begreifen können, warum Lokale Symmetrie dem Wirkungsquantum mathematisch ganz einfach erlaubt beides zu sein: Teilchen (1) und Welle (2).

Ein letzter Symmetrieblickwinkel muss hier noch erwähnt werden: Dadurch, dass Raum und Zeit per lokal-symmetrischer (konstanter) Lichtgeschwindigkeit eine fixierte lokal-symmetrische Beziehung haben, ist auch die beobachtete <u>Raumzeit-Distanz</u> zwischen zwei Ereignispunkten im Kosmos für jeden Beobachter gleich, d.h. symmetrisch. Dies gewährleistet auch, dass jeder Beobachter immer feststellen kann, dass Licht sich im leeren Raum zwischen zwei Messpunkten mit der gleichen (konstanten) Geschwindigkeit bewegt. Jeder Beobachter ist damit gleich, gleichwertig, lokal-symmetrisch und mithilfe der in der Lokalen Symmetrie inhärenten Mathematik, kann der Mensch den Kosmos erforschen.

Sie sehen, je klarer es wird, dass Lokale Symmetrie der primäre Bezugsstandard in der Natur ist, desto deutlicher kann erkannt werden, wie die Natur dies in berauschend schöner Weise umsetzt.

„Es scheint zu den essentiellen Merkmalen der Natur zu gehören, dass grundlegende physikalische Gesetze in Form einer mathematischen Theorie von großer Schönheit und Kraft beschrieben werden (…) Man könnte die Situation vielleicht so beschreiben, dass Gott ein Mathematiker von sehr hohem Rang ist...“
Paul Dirac
(The Evolution of the Physicist's Picture of Nature, Scientific American, May 1963, S. 45; Übersetzung durch den Autor)

Momentan wollen wir festhalten:

- Die Natur ist auf der kleinsten Ebene im Einzelnen lokal-symmetrisch konfiguriert und zwar aufgrund des Wirkungsquantums h.

- Auf der großen Ebene hat uns Einstein mithilfe der konstanten (lokal-symmetrischen) Lichtgeschwindigkeit c im leeren Raum mit überwältigender Klarheit aufgezeigt, dass alles, der ganze Kosmos als System, Lokale Symmetrie manifestiert und

- daher der Kosmos insgesamt eine höchst faszinierende, harmonische, ganzheitliche Einheit basierend auf der Ur-Idee der Lokale Symmetrie ist.

- Da Lokale Symmetrie als **zweigliedrige Einheitsganzheit** grundlegend für die im Kosmos zentralen, konstanten Standards, Maß- und Zähleinheiten ist, kann das Universum als eine sich **<u>erzählende</u>** Geschichte verstanden werden, wie der Physiochemiker, Philosoph und Nobelpreisträger, Ilya Prigogine, erläutert:

„Es scheint, dass man die Strukturen, die uns umgeben, nur aus einer historischen Perspektive verstehen kann, und diese historische Perspektive entspricht einer Abfolge von Verzweigungen. So betont die heutige Wissenschaft das erzählerische Element, wird zu einer Geschichte der Natur: Ich möchte sagen, sie wird so etwas wie ein Roman oder eine Geschichte aus 1001 Nacht, in der Scheherazade eine Geschichte erzählt, um sie zu unterbrechen und eine noch schönere Geschichte zu erzählen, und so weiter, und hier haben wir die Kosmologie, die zur Geschichte der Materie, dann zum Leben und zum Menschen führt.“
Ilya Prigogine
(Inaugural lecture of the Workshop on "The Chaotic Universe", The arrow of time, 1999; Übersetzung durch den Autor)

„Es ist von größter Bedeutung, dass der breiten Öffentlichkeit die Möglichkeit gegeben wird, die Anstrengungen und Ergebnisse wissenschaftlicher Forschung bewusst und intelligent zu erleben. (…)

Die Beschränkung des Wissensbestands auf eine kleine Gruppe stumpft den philosophischen Geist eines Volkes ab und führt zu spiritueller Armut."
Albert Einstein
(From the foreword of September 10, 1948, to Lincoln Barnett's The Universe and Dr. Einstein; 2nd rev. ed. New York: Bantam, 1957; Übersetzung durch den Autor)

Albert Einstein

Der Höhepunkt der Physik: Einstein weist wissenschaftlich die Existenz der Lokalen Symmetrie als zentrales Naturprinzip nach

Bisher wurde schon viel zu Einsteins bahnbrechender Entdeckung des primären Selbstorganisationsprinzips, der Lokalen Symmetrie, in der Natur gesagt.

So wollen wir uns zunächst einmal bewusst machen, was Einsteins Genie im Kern ausmachte:

- Einstein war seit seiner Jugend davon überzeugt, dass mathematisch-strukturelle Einfachheit in der Natur fundamental ist.

- Ferner war Einstein so frei, Dinge ernst – im Sinne von wahr und real – zu nehmen, oftmals ernster als seine Physikerkollegen z.B. ihre eigenen Erkenntnisse nahmen:

  - Einfachheit, Schönheit, Eleganz, Harmonie, letztlich Lokale Symmetrie, das war das große Erbe von Galileo und Newton, das Einstein ernst nahm, also für real ansah und darauf mittels des Äquivalenzprinzips sein Werk aufbaute. So wurde das Leitmotiv, der Nordstern, Lokale Symmetrie, durch Einsteins revolutionäre, wissenschaftliche Arbeit als zentrales Prinzip des Kosmos erkannt.

o Einstein war ebenso klar, dass die von Maxwell in seinen Gleichungen zum Elektromagnetismus aufgezeigte konstante Lichtgeschwindigkeit im Vakuum (leeren Raum) nicht nur eine interessante Größe in den Formeln, sondern ein zentrales lokal-symmetrisches Naturgesetz ist.

o Als sich der Physiker Hendrik Lorentz darüber wunderte, dass bei gerade aus bewegenden Systemen der Raum gestaucht erschien, nahm dies Einstein für wahr, also als real-natürlich an.

o Als Mathematiker Hermann Minkowski die Überlegung mitteilte, dass Raum und Zeit wohl keine getrennten Phänomene sind, sah Einstein in der Vereinigung von Raum und Zeit, also der Raumzeit, die Realität.

o Zudem stellte Einstein fest: Das von dem Physiker Max Planck eingeführte Wirkungsquantum h war keine vorübergehend mathematische Hilfsgröße in Plancks Berechnungen, sondern real. Licht ist beides: Korpuskel (Wirkungsquantum, Teilchen, Photon) und Welle.

- Auch die menschliche **Gefühlsempfindung** nahm Einstein ernst. Das beste Beispiel ist sein, wie er es nannte, „glücklichster Gedanke": Wenn eine Person, sagen wir ein Fallschirmspringer, im einheitlichen Gravitationsfeld der Erde aus einem Flugzeug hinabstürzt, spürt diese Person im freien Fall (konstante Beschleunigung zur Erde) weder a) ihr Körpergewicht noch b) die fallende Bewegung. Das hat mit den gegensätzlichen Wirkungen der zwei symmetrischen Massen eines Körpers zu tun. Die Trägheitsmasse der Person widersetzt sich jeder Bewegung, also auch dem konstant schneller werdenden Fallen. Dieses Hinabfallen ist genau jene Bewegung, welche die Gravitations- bzw. Schweremasse des menschlichen Körpers ermöglicht, in dem sie es der Gravitationsmasse der Erde erlaubt, den Fallschirmspringer konstant beschleunigend nach unten „zu ziehen". Die Wirkungen der beiden identischen Massen des Menschen heben sich <u>nur lokal in der Person</u> auf. Daher kann die sich im freien Fall befindliche Person lokal a) weder ihr Gewicht (also den Effekt ihrer Gravitations- oder Schweremasse) spüren, noch b) **fühlen**, dass sie nach unten fallend konstant beschleunigt (wenn man vom Luftwiderstand absieht). Das heißt, obwohl die Person sich beschleunigt, **fühlt** sie sich lokal a) schwerelos und gleichzeitig b) in Ruhe. Dadurch wurde Einstein klar, dass für die Natur, den Kosmos, Ruhe und Bewegung lokal (also in der Person) symmetrisch sind. Dies bezeichnet man in der Physik, wie erwähnt, als *Äquivalenzprinzip*, ein weiteres Synonym für Lokale Symmetrie. Das Äquivalenzprinzip umfasst aber auch noch folgende Einsicht, was Lokale Symmetrie anbelangt:

Da die Beschleunigung der Person durch das einheitliche Gravitationsfeld der Erde erzeugt wird, wurde Einstein ferner bewusst, dass Beschleunigung und Gravitation lokal äquivalent, also identisch, symmetrisch sind. Da Beschleunigung <u>Energie</u> ist, half dies Einstein dank der Symmetrie der beiden Phänomene zu verstehen, dass die von der Gravitation verursachte Raumzeitkrümmung von der Gesamt<u>energiedichte</u> eines Systems, wie der Erde, abhängt, und so fand er schließlich auch seine, über Newtons Ansatz hinausgehende, mathematische Formel, die die Gravitation beschreibt.

<u>Das Äquivalenzprinzip, das LOKALE-SYMMETRIE-PRNIZIP, umfasst somit:</u>

- o die lokale Symmetrie der beiden Massen eines massereichen Körpers
- o die lokale Symmetrie von Ruhe und Bewegung
- o die lokale Symmetrie von Bewegung (so genannter kinetischer Energie) und Gravitation (Raumzeitkrümmung), da Gravitation Bewegung (Beschleunigung von Objekten) erzeugt
- o die lokale Symmetrie, was die Gravitationswirkung von

Bewegung (Energie) und Gravitation anbelangt,

o was Einsteins neue Gleichung zur Erfassung der Gravitation ergab: *die Gesamtheit der Raumzeitkrümmung (1) = der Gesamtenergiedichte eines Systems, wie z.B. der Erde (2)*. Dies ist die zentrale Erkenntnis der allgemeinen Relativitätstheorie, der allgemeinen Lokale-Symmetrie-Theorie.

Zusammen mit der speziellen Relativitätstheorie, der speziellen Lokale-Symmetrie-Theorie, ergab sich, wie schon erwähnt, dass die lokalen Naturgesetzte immer und überall gleich, symmetrisch, sind. Damit war klar: Lokale Symmetrie (Äquivalenz, Invarianz, Harmonie, Balance, Einheit, Ganzheit, Einfachheit, Eleganz, Schönheit) ist im Kosmos fundamental.

„...die Gravitation hat mich in einen gläubigen Rationalisten verwandelt, das heißt in jemanden, der nur in mathematischer Einfachheit nach zuverlässigen Quellen der Wahrheit sucht."
Albert Einstein
(zitiert in: Albert Einstein – The Human Side, 2013, herausgegeben von Helen Dukas & Banesh Hoffmann, S.67; Übersetzung durch den Autor)

- Zudem nahm Einstein unabhängiges, selbständiges Denken und seine kraftvolle Imagination – die er für wesentliche Gedankenexperimente, wie das Beispiel mit dem freien Fall illustriert, heranzog –, ernst.

- Sein schwäbisch geprägter Starrsinn ließ ihn auch nicht davon abrücken, dass das Universum nicht auf zwei unvereinbaren Regelwerken aufbauen könne – eines für die große Ebene und eines für die kleine Ebene der Quantenmechanik. Versteht man die zentrale Stellung von Lokaler Symmetrie in der Tiefe, so wird deutlich, dass, wie bereits erläutert, Einstein auch hier recht hatte.

- Zu Einsteins Genie gehört ganz besonders auch, dass er in der grandiosen Harmonie des Kosmos, seiner elegant-symmetrischen und damit fundamental mathematischen Struktur, eine überwältigend große und schöne Geistigkeit erkannte.

„Jeder, der sich ernsthaft mit der Wissenschaft beschäftigt, ist davon überzeugt, dass sich in den Gesetzen des Universums ein Geist manifestiert – ein Geist, der dem des Menschen weit überlegen ist.“
Albert Einstein
(Albert Einstein's Letter to Phyllis, 1936)

Lassen Sie uns das Primat der lokal-symmetrischen, harmonischen Einfachheit, an dem sich Einstein orientierte, noch einmal aufgreifen, um strukturiert und systematisch zu verstehen, wie er wissenschaftlich das Naturprinzip, Lokale Symmetrie, als zentral bestätigen konnte.

Für Einstein gab es, wie erwähnt, eine einfache Ausgangsfrage:

SIND DIE DYNAMISCHEN, LOKALEN NATURGESETZE IMMER UND ÜBERALL GLEICH, SYMMETRISCH?

Die einfache Antwort, die seine beiden Lokale-Symmetrie-Theorien (die beiden Relativitätstheorien) lieferten, war:

JA, DIE DYNAMISCHEN, LOKALEN NATURGESETZE SIND IMMER UND ÜBERALL SYMMETRISCH!

Damit hatte Einstein auch bewiesen, dass Lokale Symmetrie für sich allein genommen das primäre, mathematische, wunderschöne Prinzip der Natur ist.

<u>Was muss daher in der Natur, im Kosmos, unbedingt gegeben sein?</u>
Einfache Antwort:

RUHE = BEWEGUNG

Die lokale Gleichheit der beiden für die menschlichen Sinne scheinbar größten Gegensätze macht klar, dass die Natur als System nur Einheit wahrnimmt und so in jeder Situation (Ruhe oder Bewegung) immer die gleichen Naturgesetze gelten können. Damit zeigt sich auch, dass Lokale Symmetrie grundlegend und die Einheit im Universum garantierend ist.

<u>Wie gewährleistet der dynamische Kosmos, dass Ruhe = Bewegung ist?</u>
Einfache Antwort:

DURCH DIE FORMBARE LOKAL-SYMMETRISCHE RAUMZEIT

Die formbare Raumzeit „kompensiert" durch a) Stauchung oder b) Krümmung (Gravitation) jegliche beobachtete Bewegung. Dies geschieht im Falle der Stauchung folgendermaßen: Beobachtet eine sich in Ruhe befindliche Person auf einem Bahndamm eine vorbeifahrende Person in einem mit konstanter Geschwindigkeit geradeaus fahrenden Zug, dann stellt der Beobachter in Ruhe fest, dass der Raum im Zug in Fahrtrichtung bei der bewegten Person durch Stauchung „angepasst" wird und damit auch der Zeitverlauf. Diese Anpassung der Raumzeit garantiert, dass die bewegte Person **lokal (also bei sich im Zug)** genau die gleichen (symmetrischen) Raumzeit-Messmöglichkeiten hat, wie der sich in Ruhe befindende **lokale** Beobachter auf dem Bahndamm. Daher können beide Beobachter (trotz ihrer für die Sinne unterschiedlich erscheinenden Bewegungszustände) immer die gleichen lokalen, dynamischen

Naturgesetze, wie die konstante (symmetrische) Lichtgeschwindigkeit, messen. Im Kosmos sind alle Beobachter gleich, d.h. lokal symmetrisch, was ihre Messmöglichkeiten anbelangt. Dies garantiert im weiteren Sinne dann auch, dass das Grundprinzip der Lokalen Symmetrie, immer und überall lokal umgesetzt wird und damit im gesamten Kosmos.

Dies macht nochmals besonders schön deutlich, dass es im Universum wirklich nur um LOKALE SYMMETRIE geht – um Einheit und selbstähnliche Entwicklung zu erzeugen – nicht um globale Symmetrie (wie es leider Menschen seit ewigen Zeiten durch massives top-down Management immer wieder versuchen). Anders gesagt: Die kleine, lokale Idee, Lokale Symmetrie, wird im Kosmos GANZ GROSS geschrieben, um das Universum sich als faszinierendes Einheitsnetzwerk, als beziehungsbasiertes Ganzheitssystem, entwickeln zu lassen. Von globaler Symmetrie, z.B. industrielle Landwirtschaft, welche holistisch-förderlich und langfristig nicht funktioniert, will der Kosmos, und damit selbstverständlich die Natur auf unserem Planeten, nichts wissen.

<u>Wie wird die lokal-symmetrische Raum-Zeit-Beziehung festgelegt?</u>
Einfache Antwort:

MITTELS DER KONSTANTEN (LOKAL-SYMMETRISCHEN) LICHTGESCHWINDIGKEIT

Sie dürften dies bereits wissen: Die lokal-symmetrische (konstante) Lichtgeschwindigkeit c im leeren Raum (dem Vakuum) ist die maximale Geschwindigkeit für Licht und damit auch für Informationsübertragung. Diese **eine** festgelegte (symmetrische) Maximalgeschwindigkeit gilt für Raum und Zeit gemeinsam. Damit fixiert die lokal-symmetrische Lichtgeschwindigkeit das Verhältnis, also die Beziehung von Raum und Zeit. Diese Beziehung ist daher ebenso lokal-symmetrisch, da fixiert, also immer gleich. Raumzeit ist damit ebenso eine Manifestation von Lokaler Symmetrie.

Insgesamt wird dadurch nochmals sehr schön deutlich, dass alles im Kosmos – Raumzeit, Energie, Masse (Trägheits- und Gravitationsmasse), Gravitation (Raumzeitkrümmung) und Lichtgeschwindigkeit – eine grandiose, harmonische Einheit, ein fortwährendes Zelebrieren des Grundprinzips Lokale Symmetrie, ist.

Die fehlerhafte Vermittlung der einsteinschen Erkenntnisse:
Leider wird Einstein meist ungefähr so vermittelt: Das große Wissenschaftsgenie zeigte in seiner speziellen Relativitätstheorie, dass Raum und Zeit eine Einheit sind und bewegte Uhren langsamer gehen. (Was soll man mit einer solchen Aussage anfangen, außer

verwirrt zu werden?) Mit der allgemeinen Relativitätstheorie konnte Einstein nachweisen, dass Gravitation eine Raumzeitkrümmung ist. WOW?!?!?!?!?!?!?

Können Sie daraus entnehmen, dass Einstein sich an dem Prinzip der Lokalen Symmetrie orientierte und dieses Prinzip in seiner zentralen Rolle im Kosmos bestätigte?

<u>Jedes Kind kann aber Folgendes leicht verstehen:</u>

Albert Einstein konnte mittels seiner beiden Lokale-Symmetrie-Theorien (den Relativitätstheorien) wissenschaftlich nachweisen, dass Lokale Symmetrie (Harmonie, Balance, Einheit) das zentrale, fundamentale, wunderschöne, einfache und mathematische Prinzip der Natur und des Geistigen ist.

Damit wüsste jedes Kind sofort, wie sich der Kosmos selbst organisiert, und, dass diese Selbstorganisation auf immateriellem ewigem und wunderschönem Bewusstsein aufbaut. Ferner wüsste jeder Mensch, was sich für systematische Konsequenzen – enorme Chancen – mit Blick auf eine sich konstruktiv organisierende Zivilisation ergeben.

<u>Ein neugieriges Kind könnte nun fragen, woher kommt genau die konstante Lichtgeschwindigkeit?</u>

Dieser Frage werden wir in Kapitel 4 nachgehen, wenn wir uns die mathematische Struktur von lokaler Symmetrie genauer ansehen.

„Es ist ein herrliches Gefühl, die Einheit eines Komplexes von Phänomenen wahrzunehmen, die der direkten sinnlichen Beobachtung als getrennte Einheiten erscheinen."
Albert Einstein
(Brief an Marcel Grossman, 14. April 1901, Collected Papers, Bd. 1, Dok. 100; Übersetzung durch den Autor)

„Albert Einstein (...) brachte einen neuen Stil in das Denken über die Grundprinzipien der Natur ein. Für Einstein nimmt Schönheit in der spezifischen Form der Symmetrie ein Eigenleben an. Schönheit wird zum schöpferischen Prinzip."
Frank Wilczek
(A Beautiful Question, 2015, S.199; Übersetzung durch den Autor)

„...lokale Symmetrie ist das Wesentliche."
Frank Wilczek
(A Beautiful Question, 2015, S.207; Übersetzung durch den Autor)

"Einsteins großer Fortschritt im Jahre 1905 war, dass er Symmetrie an erster Stelle setzte und das Symmetrie-Prinzip als die primäre Eigenschaft der Nature ansah..."
David Gross
(The role of symmetry in fundamental physics, December 10, 1996, 93 (25), S. 14256-14259; Übersetzung durch den Autor)

Schönheit in der Physik hat immer mit zeitloser, immaterieller Wahrheit, mit Ordnung und systematischer Harmonie, Balance und Ganzheit zu tun. Dennoch gibt es stets auch einen geheimnisvollen, mysteriösen Anteil der Realität. Es gibt einen Unterschied zwischen dem *Verstehen*, welches allumfassende Einheit in der Natur mittels lokaler Symmetrie begreift, und *„alles wissen"*, was für den Menschen im konkreten Detail nicht möglich ist. Wie kann dies sein? Auch diese Frage werden wir in Kapitel 4 mithilfe der Erkenntnisse großer Physiker und Mathematiker zur Rolle der Unendlichkeit beantworten. Vorab soll aber bereits jetzt mitgeteilt werden, dass Einstein diesen mysteriösen Aspekt der Natur für essentiell hielt:

Das Schönste, was wir erleben können, ist das Geheimnisvolle. Es ist das Grundgefühl, das an der Wiege von wahrer Kunst und Wissenschaft steht. Wer es nicht kennt und sich nicht mehr wundern, nicht mehr staunen kann, der ist sozusagen tot und sein Auge erloschen. Das Erlebnis des Geheimnisvollen – wenn auch mit Furcht gemischt – hat auch die Religion gezeugt.
Albert Einstein
(Wie ich die Welt sehe. In Albert Einstein: Mein Weltbild, hrsg. von Carl Seelig. 2005, S. 420f)

Emmy Noether,

das mathematische Genie bestätigt die zentrale Rolle der

Lokalen Symmetrie im Kosmos

Betrachtet man die historische Entwicklung der modernen Naturwissenschaft, so entsteht der unausgewogene Eindruck, dass hier nur Männer maßgebliche Beiträge geleistet haben. Dem ist aber nicht so: Seien es die wissenschaftlichen Erkenntnisse einer Madame Curie, oder einer Lise Meitner, und ganz überragend und von Einstein zutiefst verehrt, die bahnbrechenden Einsichten der Mathematikerin, Emmy Noether (1882-1935), hinsichtlich der zentralen Stellung von Symmetrie in der Natur.

„Das Theorem von Noether hat bewiesen, dass Erhaltungsgesetze dasselbe sind wie Symmetriegesetze – ein großer Durchbruch. Da die Gesetze der Physik symmetrisch sind, ändern sie sich nicht über Entfernungen oder Zeit hinweg, weder im Weltall noch auf der Erde, weder im Großen noch im Kleinen, weder heute noch morgen."
K.C. Cole
(The Universe and the Teacup – The Mathematics of Truth and Beauty, 1997, S.183; Übersetzung durch den Autor)

"Nach dem Urteil der kompetentesten lebenden Mathematiker war Fräulein Noether das bedeutendste kreative mathematische Genie, das jemals seit Beginn der Hochschulbildung von Frauen hervorgebracht wurde."
Albert Einstein
(Letter to the Editors of the New York Times, "Professor Einstein Writes in Appreciation of a Fellow-Mathematician", Princeton University, May 1, 1935; Übersetzung durch den Autor)

Was Emmy Noether mit Blick auf die zentrale Rolle der Symmetrie in der Natur leistete, hat zwei wesentliche Komponenten:

- Zum einen bestätigte sie mit ihrer Arbeit Albert Einsteins Werk.

- Zum anderen fand sie folgende Symmetrie-Verbindung heraus: Eine ***kontinuierliche*** *Symmetrie* – wie die der lokalen

Naturgesetze, die *kontinuierlich* an jedem Ort und zu jedem Zeitpunkt gleich sind–, ist immer mit einer weiteren Symmetrie in der Natur verbunden: einer sogenannten **Erhaltung einer bestimmten Quantität**. Wenn eine Quantität erhalten bleibt, dann ändert diese sich nicht, ist invariant und daher symmetrisch.

„Noethers Theorem erhebt sich wie ein intellektueller Mount Everest, dessen großer Gipfel hell und klar über einer beeindruckenden Bergkette kraftvoller Ideen thront."
Dwight E. Neuenschwander
(Emmy Noether's Wonderful Theorem, 2011, S. xi; Übersetzung durch den Autor)

<u>Ein Beispiel:</u> Die lokalen Naturgesetze sind zu jedem Zeitpunkt symmetrisch (identisch). Noether fand heraus, dass diese *kontinuierliche Symmetrie der Naturgesetze* durch die Zeit mit der *Erhaltung (Symmetrie) der Quantität Energie* eines isolierten Systems verbunden ist:

Ein Ball z.B., der durch die Luft fliegt, tut dies gemäß eines lokal-symmetrischen, dynamischen Naturgesetzes, das *kontinuierlich* zu jedem Zeitpunkt daher gleich ist. Die involvierte Energie (als Quantität) des Systems „fliegender Ball" bleibt dabei ebenso zu jedem Zeitpunkt lokal gleich (symmetrisch) und damit auch hinsichtlich der gesamten (globalen) Flugbahn. Dass die Quantität Energie während des gesamten Fluges identisch bleibt, nennt man *Erhaltung*, ein weiteres Synonym für Symmetrie.

Die Bedeutung von Emmy Noethers Erkenntnissen kann mit Blick auf das Verständnis des Kosmos gar nicht stark genug betont werden.

- Erstens half Noethers Entdeckung – dass eine kontinuierliche Symmetrie immer mit der Erhaltung (Symmetrie) einer Quantität zusammenhängt –, Physikern leichter zu ermitteln, welche Quantität eines Systems erhalten wird. Dies wiederum vereinfachte die Bemühungen, Vorgänge, wie z.B. den Flug eines Balles, mithilfe des *Prinzips der geringsten Wirkung* (auf Englisch schöner als „Least Action" bezeichnet) zu beschreiben. Das Prinzip der geringsten Wirkung lässt sich sowohl auf der kleinsten Ebene der Quantenmechanik anwenden als auch auf der großen Ebene, die durch die Gravitation bestimmt ist.

  Es sollte mittlerweile den Leser nicht mehr verwundern, dass das Prinzip der geringsten Wirkung auch Lokale Symmetrie widerspiegelt. Mit Blick auf die Flugbahn eines Balles heißt geringste Wirkung Folgendes: Vergleicht man zwei eng nebeneinander liegende Punkte auf der Flugbahn, so wird man, was die Energiequantität, die Wirkung (auf Englisch greifbarer „Action" genannt) angeht, quasi keinen Unterschied feststellen. Die Wirkung ist, so sagen

Physiker, „stationär", bzw., sie zeigt null Varianz, also keine Änderung. Damit ist die Wirkung lokal symmetrisch. Die Natur sucht sich also unter allen möglichen Flugbahnen diejenige aus, welche Lokale Symmetrie am besten umsetzt. Dies nennt man das Prinzip der geringsten Wirkung (Least Action Principle).

- Ferner erlaubte Noethers Entdeckung, Physikern die Wechselwirkungen, auch Interaktionen oder Kräfte genannt, auf der quantenmechanischen Ebene als Konsequenz von Lokaler Symmetrie zu verstehen. Das Zusammenspiel von konstanter (lokal-symmetrischer) Lichtgeschwindigkeit und der Erhalt (der Symmetrie) von Quantitäten, wie Energie, bewirkt, dass bei Quantensystemen, wie z.B. der Gesamtwellenfunktion eines Elektrons, die Wechselwirkungen – hier der Elektromagnetismus – aufgrund von Lokaler Symmetrie, die in der Fachsprache Eichsymmetrie genannt wird, auftritt.

Unter dem Elektronenfeld mit seinem Elektron als Erregungszustand, dem lokal-symmetrischem Quantum, liegen unendlich viele identische, symmetrische Eichfelder. Im Falle des Elektrons, welches, wie alle Quanten als eine Gesamtwelle (ein Wellensystem bestehend aus vielen Einzelwellen) agiert, machen sich die unendlich vielen, symmetrischen Eichfelder als Elektromagnetismus bemerkbar. Im <u>Gesamtwellensystem</u> Elektron kann – wenn eine äußere Energieeinwirkung eine Veränderung erzwingen würde – dieser Elektromagnetismus (als Eichfeld) lokal durch die Abgabe eines Photons bewirken, dass die beiden, oben genannten Symmetrien – die für systemische Einheit ausschlaggebende konstante Lichtgeschwindigkeit und die Energieerhaltung – von dem Elektron-Wellensystem weiter eingehalten werden. Da von dem Photon die äußere Energieeinwirkung sofort lokal weggestrahlt wird, wird auch die „Eichung" des Gesamtwellensystems des Elektrons, was dessen Phasen anbelangt, lokal und damit auch global aufrecht (symmetrisch) gehalten.

Das abgestrahlte Photon, auch ein lokal-symmetrisches Quantum von Energie, ist das Vermittlerteilchen der Interaktion oder Wechselwirkung Elektromagnetismus, mit dem z.B. zwei Elektronen miteinander kommunizieren können.

Das heißt: die lokal-symmetrischen, kleinsten Teilchen, die Quanten, wie Elektronen, kommunizieren, wechselwirken, interagieren, basierend auf Lokaler Symmetrie (Eichsymmetrie-Feldern), welche für die Interaktion, die Kommunikation, wiederum lokal-symmetrische Vermittlerteilchen, wie Photonen (Licht), einsetzen.

Hält man sich vor Augen, dass auch auf der großen Ebene alles nach Lokaler Symmetrie abläuft, dann wird nochmals deutlicher, wie wunderbar vernetzt der Kosmos als ganzheitliches System der Lokalen Symmetrie strukturiert und selbstähnlich organsiert ist und danach funktioniert.

Physiker, wie der Nobelpreisträger, Leon Lederman, oder seine Kollegen, Hill, Rosen und Zee, und Mathematiker, wie Sautoy, sprechen nicht von ungefähr davon, dass Symmetrie – und wir wissen, dass immer Lokale Symmetrie im Kern gemeint ist – die Sprache der Natur, bzw. ihr Designprinzip ist.

„...die Sprache ist erlernt – welche neuen Antworten auch immer gefunden und welche tiefergehenden Fragen über das Universum oder sein mathematisches Gefüge aufgeworfen werden, im Zentrum wird die Symmetrie stehen."
Leon M. Lederman & Christopher T. Hill
(Symmetry and the Beautiful Universe, 2004, S.289; Übersetzung durch den Autor)

„...bei der Symmetrie in der Natur geht es um Sprache."
Marcus du Sautoy
(Symmetry, 2008, S.11; Übersetzung durch den Autor)

„...Wissenschaft (...) basiert im Wesentlichen und grundlegend auf Symmetrie (...) Wissenschaft ist Symmetrie (...) wir verstehen die Natur in der Sprache der Symmetrie."
Joe Rosen
(Symmetry Rules, 2010, S.VIII; Übersetzung durch den Autor)

„Ich betrachte Einsteins Verständnis davon, wie Symmetrie das Design bestimmt, als eine der wirklich tiefgreifenden Erkenntnisse in der Geschichte der Physik."
Anthony Zee
(Fearful Symmetry, 2007, S.98; Übersetzung durch den Autor))

KAPITEL 3

DER ROTE FADEN DURCH DIE MENSCHHEITSGESCHICHTE:
Lokale Symmetrie als Entwicklungspfad

Bevor wir uns genauer ansehen werden, wie die Entwicklungsgeschichte des Menschen basierend auf dem kosmisch-geistigen Grundprinzip Lokale Symmetrie verstanden werden kann, sollten wir uns nochmals ein paar wesentliche Punkte vergegenwärtigen:

LOKALE SYMMETRIE, ENERGIE, BEWEGUNG & INTERAKTIONEN:
von Kosmologie bis Biologie

„Symmetrie ist allgegenwärtig (...) Symmetrie durchdringt die gesamte Wissenschaft und nimmt einen herausragenden Platz in der Chemie, Biologie, Physiologie und Astronomie ein. Symmetrie durchdringt die innere Welt der Struktur der Materie, die äußere Welt des Kosmos und die abstrakte Welt der Mathematik selbst. Die Grundgesetze der Physik, die grundlegendsten Aussagen, die wir über die Natur machen können, basieren auf der Symmetrie."
Leon M. Lederman & Christopher T. Hill
(Symmetry and the Beautiful Universe, 2004, S.13; Übersetzung durch den Autor)

Lokale Symmetrie hängt mit Energie und Bewegung zusammen, wie wir aus der Diskussion der Geschichte der modernen Physik entnehmen konnten.

Lokal heißt punktuell und Symmetrie bedeutet Gleichheit, Einheitlichkeit. Die gängige Big-Bang-Theorie der Physik sagt uns, dass es hinreichende Indizien, sowohl in den Naturgesetzen als auch aus Tests und Beobachtungen gibt, dass der Kosmos aus einem maximal dichten, einheitlichen, symmetrischen Punkt im Big Bang hervorgegangen ist. Am Anfang des materiellen Universums stand also ein maximal kleiner, maximal symmetrischer (einheitlicher) Energiepunkt.

Dieser symmetrische Energiepunkt hat sich dann, gemäß den Vorgaben des mathematischen Grundmusters der Lokalen Symmetrie entwickelt. Wie kann dies sein?

Die Antwort ist ganz einfach. Lokale Symmetrie verbindet zwei Aspekte, #1 und #2, mittels des Gleichzeichens (=) zu einer Einheit. Schon allein aufgrund der numerischen Reihenfolge 1 und 2 ist eine Dynamik, eine Entwicklungsrichtung, der **Zeitpfeil** gegeben. Die Entwicklung verläuft von der kleinsten ganzen Zahl, Nummer 1, hin zu der größeren Zahl, Nummer 2. Die Dynamik läuft weiter, da, wie jeder weiß, Zählen keine Grenze hat, und allein durch die harmonische Wechselbeziehung der Aspekte 1 und 2 mittels des Gleichzeichens, kann das Zählen als Zyklen in folgender Weise unendlich fortgesetzt werden: Von Nummer 1 zu Nummer 2 und wieder zurück zu Nummer 1, die dann Nummer 3 ist, usw.

Das heißt, es ist eine strukturierte, in die Ausdehnung verlaufende Dynamik in der Ur-Idee Lokale Symmetrie eincodiert. Ebenso haben wir Wechselwirkungsdynamiken zwischen den beiden Aspekten 1 und 2, und dies kann auch als Kreisläufe verstanden werden. Sie sehen schon Zeit und Raum sich selbst herbeiorganisieren. Vereinfacht gesagt: Das zyklische Zählen ist die Zeit und der Raum ist die Ausdehnung, die aufgrund des Zeitpfeils vorwärts verläuft. Das MEHR (#2), welches sich als Veränderungen im sich ausdehnenden Raum zeigt, erlaubt es dann die Zeitzyklen registrieren zu können. Zyklen ergeben zudem Schwingungen, welche die kleinsten Teilchen in ständiger Vibration halten.

„Als Mann, der sein ganzes Leben der klarsten Wissenschaft, dem Studium der Materie, gewidmet hat, kann ich Ihnen aufgrund meiner Forschungen über Atome Folgendes sagen: Es gibt keine Materie als solche. Alle Materie entsteht und existiert nur aufgrund einer Kraft, die das Teilchen eines Atoms in Schwingung versetzt und dieses kleinste Sonnensystem des Atoms zusammenhält. Wir müssen hinter dieser Kraft die Existenz eines bewussten und intelligenten Geistes annehmen. Dieser Geist ist die Matrix aller Materie.“
Max Planck
(Das Wesen der Materie/The Nature of Matter, speech at Florence, Italy, 1944; from: Archiv zur Geschichte der Max-Planck-Gesellschaft, Abt. Va, Rep. 11 Planck, Nr. 1797; Übersetzung durch den Autor)

Lokale Symmetrie kann auf abstrakter Ebene sehr gut als Designvorlage für die Kosmologie, die Entwicklung des Kosmos verstanden werden: Energie verströmt sich, strukturiert sich in Teilchen und Beziehungsregeln (lokale, dynamische Naturgesetze), die beide Lokale Symmetrie manifestieren, und nach ein paar Milliarden Jahren entstehen so Sterne, Galaxien und schließlich unser Planet Erde.

Nicht umsonst heben Physiker, wie der Nobelpreisträger Anton Zeilinger, oder der Pionier der Quantencomputer, Seth Lloyd, immer wieder hervor, dass im Kosmos Information und Energie, die Kernbestandteile sind. Vielfach spricht man hier von der *Komplementarität* (tiefer Einheit) von Information und Energie, was lediglich eine verunglückte Ausdrucksweise für Lokale Symmetrie ist.

„Information ist der fundamentale Baustein des Universums."
Anton Zeilinger
(Einsteins Spuk, 2007, S.73)

„…der Hauptakteur in der physikalischen Geschichte des Universums ist Information. Letztlich spielen Information und Energie im Universum komplementäre Rollen: Energie bringt Systeme dazu, Dinge zu tun. Informationen sagen ihnen, was zu tun ist."
Seth Lloyd
(Programming the Universe, 2007, S.40; Übersetzung durch den Autor)

Die Erde ist selbst, wie jeder massereiche Körper, eine schöpferische Abbildung der lokal-symmetrischen Ur-Idee, denn, wie wir wissen, ist auch die Erde eine lokal-symmetrische Einheit zweier Massen.

Da sich über das grenzenlose Zählen, welches Bestandteil der Ur-Idee ist, Unendlichkeit zeigte – was eine Grundvoraussetzung ist, um ein generelles, abstraktes, allem zugrundeliegendes Prinzip sein zu können –, wird auch deutlich, dass es im Kosmos viele Formen der Lokalen Symmetrie geben muss. Daher gibt es z.B. unendlich viele Ereignispunkte im Raumzeitkontinuum und sehr viele Galaxien mit noch mehr Sonnensystemen, ähnlich dem unseren.

Daraus ergibt sich zwingend, dass es irgendwo einen Planeten geben muss, der mehr als andere eine ausbalancierte, und damit besonders ausgeprägte lokal-symmetrische Konfiguration aufweist. Bei einer hohen lokalen Symmetriedichte, wie auf der Erde (Wärme, Elemente, Kreisläufe, etc.), möchte sich die Ur-Idee aus der Konzentration weiter, oder erneut entwickeln:

Das ist der Türöffner für das, was wir **<u>Leben</u>** nennen. Der ganze Kosmos ist geistiger Natur. Nun aber zeigt sich diese lebendige Geistigkeit auf einer neuen Entwicklungsebene.

Unter den vielen chemischen Elementen findet sich dann auch eines, der **Kohlenstoff**, welcher lokale Symmetrie wieder besonders maximal abbildet: Der Kohlenstoff ist sowohl hoch stabil (1) als auch besonders reaktiv (2). Damit haben wir den idealen, lokal-symmetrischen „Stoff", um mit dieser faszinierenden Substanz organisch-belebte, beseelte und damit geistreich-intelligente Natur auf einer weiteren Ebene zu erschaffen.

Wie gesagt, Lokale Symmetrie ist die Blaupause, der Bauplan, der ewig – unabhängig von Raum und Zeit – existiert und somit die strukturellen Entwicklungen in den materiellen Kosmos aus der immateriellen, geistigen Sphäre einhaucht. Dies ist im Falle der Kosmologie so und im Falle der Evolution des Lebens zeigen die Erkenntnisse der Wissenschaft, dass dies auch so war.

Das Leben fängt wieder klein an, baut auf Kreisläufen und Interaktionen auf und diversifiziert sich ins Größere hinein. Selbstbewusstheit hat die beiden Anteile:

- Expansion, auch Zunahme der Entropie genannt,
- und Rückbindung, also Überwindung der Ausdehnung durch z.B. Kreisläufe, die sogenannten Metabolismen, die helfen die lebendige Biosphäre aufzubauen.

Der Kreis ist ja auch die symmetrischste Form, da man einen Kreis unendlich oft drehen kann, ohne dass eine Änderung der Form erkennbar wird. Daher, gemäß der Logik der lokalen Symmetrie, verwendet die Natur all ihre wertvollen Substanzen stets aufs Neue in lokal-symmetrischen Kreisläufen.

Das Lebensnetzwerk baut, wie man weiß, zudem auf gesundem Boden auf, der durch Milliarden von kleinsten Mikroben und Pilzen belebt ist, welche alle untereinander kommunizieren und das ganze System in der Fortentwicklung unterstützen. Das ist der Holismus der Natur, der die Ganzheitlichkeit der Lokalen Symmetrie widerspiegelt.

„Tiere fühlen sich auch wegen der überlegenen motorischen Fähigkeiten, die sie bietet, zur Spiegelsymmetrie hingezogen (...). Nahezu alle motorischen Fähigkeiten sind auf Symmetrie angewiesen, um sie auf die effizienteste Weise voranzutreiben (...) und das Gleichgewicht in der Bewegung ist eng mit der Symmetrie der Form verbunden (...) Symmetrie ist die Art und Weise der Natur, effizient und wirtschaftlich zu sein."
Marcus du Sautoy
(Symmetry, 2008, S.13; Übersetzung durch den Autor)

Die DNA-Struktur der Erbsubstanz von Lebewesen selbst ist spiralsymmetrisch. Bedenkt man, dass die Lokale Symmetrie durch das Gleichzeichen die beiden Aspekte ihrer Struktur auch in sich vereint, dann kann nachvollzogen werden, dass in der Mitte des Gleichzeichens zusammenführend zwei verbindende, lokale Verbundstellen sind.

Damit haben wir das Grundrezept für die DNA: Zwei Stränge, zwei Aspekte (#1 & #2), die durch das Gleichzeichen (=) verbunden werden. Das Gleichzeichen, da es in der Mitte die lokalen Vereinheitlichungspunkte hat, besteht dann nicht mehr nur aus zwei Strichen, sondern aus vier Strichen (1, 2 und 3, 4), die lokal-mittig vereint sind. Das sind die vier Basen (Adenin, Cytosin, Guanin, Thymin), die vier Buchstaben der DNA, die als zwei Basenpaare zusammenfinden, um die beiden Stränge zu verbinden, und die dazu dienen, Erbinformation zu codieren. Die Ur-Idee, Lokale Symmetrie, ist in ihrer Einfachheit und Klarheit eben auch extrem kreativ.

Da wir mittels der Lokalen Symmetrie immer den *Mikrokosmos* (#1, das Kleine) mit dem *Makrokosmos* (#2, das Große) in eine Einheit eingebettet haben, ist es nicht verwunderlich, dass, wie uns die Epigenetik demonstriert, die Umwelt, der Makrokosmos, wesentlich bestimmt, welche Gene z.B. in der kleinen Zelle, dem Mikrokosmos, aktiviert oder modifiziert werden.

„Im letzten Jahrzehnt hat die epigenetische Forschung gezeigt, dass über Gene weitergegebene DNA-Baupläne nicht bei der Geburt in Stein gemeißelt sind. Gene sind kein Schicksal! Umwelteinflüsse wie Ernährung, Stress und Emotionen können diese Gene modifizieren, ohne ihren grundlegenden Bauplan zu verändern. Und diese Veränderungen können, wie Epigenetiker herausgefunden haben, genauso sicher an zukünftige Generationen weitergegeben werden, wie DNA-Baupläne über die Doppelhelix weitergegeben werden."
Bruce Lipton
(The Biology of Belief, 2015, S.43; Übersetzung durch den Autor)

DIE EVOLUTION DES MENSCHEN

Auch die Entwicklung des Lebens kommt in Zyklen immer wieder an Schwellen, an denen sich Neues zeigen möchte. Die Entwicklung des aufrechten Ganges ist eine solche Neuerung, die dem Prinzip Lokale Symmetrie zu noch mehr Geltung verhilft, da das aufrecht gehende Lebewesen nicht nur spiegelsymmetrisch ist, sondern auch noch maximal Balance halten muss.

„…auf der Erdoberfläche hat sich das Leben entwickelt und eine denkende Spezies hervorgebracht. Die Natur spiegelt sich in den Gedanken dieser Wesen wider."
Victor F. Weisskopf
(zitiert in: From Galileo to Gell-Mann von M. Bersanelli & M. Gargantini, 2009, S.207; Übersetzung durch den Autor)

Der sich so entwickelnde Mensch steht senkrecht auf der waagrechten Erde. Dadurch wird der Mensch (#1) mit einem Maximum an *Mehr* (#2) in Verbindung gebracht. Das Maximum an Mehr ergibt sich aus der rechtwinkligen Beziehung zwischen Mensch und Erdboden, die ein äußerstes Spannungsverhältnis darstellt, welches den Menschen mit der ins Unendliche reichenden Umwelt in eine lokal-symmetrische Einheitsbeziehung setzt.

Aufgrund seiner besonderen lokal-symmetrischen Konfiguration in der Biosphäre und im Kosmos muss sich der Mensch selbst auch als Gleichzeichen verstehen, der das Prinzip der Lokalen

Symmetrie als Lebensthema hat. Die Kabbalisten, Friedrich Weinreb und Rav Berg, formulieren dies so:

„Und benennt Gott nicht den Menschen Adam, und das heißt "ich gleiche".
Friedrich Weinreb
(Buchstaben des Lebens, 1990, S.17)

„Ein Verständnis der Natur der Symmetrie ist für ein richtiges Verständnis der Kabbala unerlässlich. Tatsächlich kann man sagen, dass das Verständnis der Symmetrie das Verständnis der Funktionsweise der Natur selbst bedeutet. Alles strebt nach Symmetrie."
Rav Berg
(Kabbalah for the Layman, 2012, S.196; Übersetzung durch den Autor)

Der Mensch (#1) **ist gleich der** (=) unendlichen Umwelt (#2), so dass sich aus dieser maximierten, lokal-symmetrischen Spannungsbeziehung eine hohe Dynamik ergibt, die zum Lernen, zum Neu-Gierig-Sein und damit Verstehen-Wollen in ganz intensiver Weise anregt. Einstein hatte ja darauf verwiesen, dass das Mysteriöse, das Geheimnisvolle, den Menschen dazu inspiriert, mithilfe von Kunst, Wissenschaft und Religion sich und das Universum verstehen zu wollen.

Führt man sich all dies vor Augen, so wird auch deutlich, was es mit der Dreiheit von Körper, Seele, Geist auf sich hat.

Körper: *die materielle Verdichtung, die Lokale Symmetrie widerspiegelt.* Dies ist der Aspekt 1 aus der Gleichheitsbeziehung der Lokalen Symmetrie.

Seele: *das sehnsuchtsvolle, emotionale und bewusste Streben nach Erkenntnis und Vereinigung mit dem großen, geheimnisvollen Ganzen.* Dies ist die Dynamik von Aspekt 1, dem Körper, über das Gleichzeichen in das große Mehr der Einzelteile, Aspekt 2, hinein.

Geist: *systematisches Verstehen der ganzheitlichen Realität, welches zurück an die immaterielle, geistige Welt anbindet.* Dies ist die ganzheitliche Rückintegration von Aspekt 2 über das Gleichzeichen, das Seelische, zu Aspekt 1, dem Körper, so dass nur noch immaterielle Einheit, also fundamentale, göttliche Bewusstheit, in letzter Konsequenz wahrgenommen wird.

„...der Prozess der Übersetzung von Informationen in die physische Realität, der buchstäblichen Umwandlung des Geistes in Materie. Emotionen sind die Verbindung zwischen Materie und Geist, sie pendeln zwischen beiden hin und her und beeinflussen beide."
Candace Pert
(Molecules of Emotion, 1997, S.189; Übersetzung durch den Autor)

„Es ist ein herrliches Gefühl, die Einheit eines Komplexes von Phänomenen wahrzunehmen, die der direkten sinnlichen Beobachtung als getrennte Einheiten erscheinen."
Albert Einstein
(Brief an Marcel Grossman, 14. April 1901, Collected Papers, Bd. 1, Dok. 100; Übersetzung durch den Autor)

Es ist die traurige Situation für viele Menschen, diese symmetrische Einheitsschau, so wie sie Einstein beschrieb, nicht als eine automatisierte Fähigkeit zu besitzen, weil wir diese Art des paradiesischen Wahrnehmens, obwohl sie absolut essentiell ist, verloren und in den meisten Fällen nie (wieder) erlernt haben. Deshalb sind wir in gewissem Sinne blind, kontinuierlich von den Sinnen getäuscht, die vorspiegeln, es gäbe unterschiedliche Einzeldinge. Wir schauen, fühlen und denken daher meist unrealistisch und treffen daher Entscheidungen, die langfristig dem ganzheitlichen, holistischen Wesen der lokal-symmetrischen Natur widersprechen. Die vielen überhandnehmenden Zerstörungen im 20. und 21. Jahrhundert, befeuert durch einen ausufernden Globalismus, der sich auf dem realitätsfremden Prinzip der globalen Symmetrie (zentralistischem, Top-Down Management, Kontrolle, kurzfristige Gewinnmaximierung) zu Lasten der Mehrheit der Menschheit und Umwelt übergreifend verhält, sind ein Zeugnis davon.

„Der Mensch ist ein Teil des Ganzen, das wir „Universum" nennen, ein zeitlich und räumlich begrenzter Teil. Er erlebt sich selbst, seine Gedanken und Gefühle als etwas Außergewöhnliches – eine Art optische Täuschung seines Bewusstseins. Das Streben, sich von dieser Täuschung zu befreien, ist die Aufgabe von wahrer Religion. Es nicht zu nähren, sondern zu versuchen, es zu überwinden, ist der Weg, das erreichbare Maß an Seelenfrieden zu erlangen."
Albert Einstein
(zitiert in: The Ultimate Quotable Einstein von Alice Calaprice, 2011, pp.339-340; Übersetzung durch den Autor)

Ein anderer Physiker, Werner Heisenberg, beschrieb die Tragik des Menschen, der bezugslos durch das Leben irrt und rein praktisch und kurzfristig orientiert handelt, so:

"In dem Maß, in dem das praktische Handeln in den Mittelpunkt des Weltbildes rückte, verloren die grundlegenden Denkschemata ihre absolute Bedeutung (…) In der Wissenschaft wurde man sich mehr und mehr dessen bewusst, dass unser Verständnis der Welt (…) über einer grundlosen Tiefe schwebt. Diese Entwicklung im Bereich der Wissenschaft entspricht wahrscheinlich im Leben der Menschen das wachsende Gefühl für die Relativierung aller Werte (…) So entwickelt sich die Haltung, die man „Nihilismus" bezeichnet, den Glauben an nichts. Der charakteristische Zug jeder nihilistischen Haltung ist das Fehlen einer ordnenden Mitte…"
Werner Heisenberg
(Schritte über Grenzen, Gesammelte Reden und Aufsätze, 1977, S.82-83)

Ohne das Selbstbewusstsein basierend auf dem zentralen Prinzip der Natur, ist der Mensch dazu geneigt, die Balance zu verlieren, einseitig, d.h. global-symmetrisch, zu werden und damit langfristig destruktiv-linear ausgerichtet zu handeln, was die Kreisläufe der Natur zerstört:

„Das äußert sich schon im Leben des Einzelnen im Fehlen eines untrüglichen Instinkts für das, was Recht und was Unrecht ist, für das, was Illusion und was echt ist, und im Leben der Völker führt es zu der merkwürdigen Erscheinung, dass ungeheure Kräfte, die gesammelt werden, um ein bestimmtes Ziel zu erreichen, ihre Richtung ändern

und mit vernichtender Wirkung gerade das Gegenteil dieses Zieles zur Folge haben…“
Werner Heisenberg
(Schritte über Grenzen, Gesammelte Reden und Aufsätze, 1977, S. 83)

DER ENTWICKLUNGS- UND BEWUSSTSEINSKREISLAUF DER MENSCHEIT

Was die Evolution des Menschen anbelangt, so kann man diese als eine kreisläufige Bewusstseinsreise verstehen, die langsam beginnt und dann immer mehr Fahrt aufnimmt. In dieser Spiralbewegung lassen sich vier wesentliche Entwicklungs- und geistige Erkenntnismomente aufzeigen.

1) <u>Der Anfang:</u> Die Entwicklung des aufrechten Ganges vor ca. 7 Millionen Jahren bringt das Prinzip des Menschseins mit seinem Auftrag, sich um Lokale Symmetrie zu bemühen, langsam, Schritt für Schritt, in die Welt.

2) <u>In der Antike</u> wurde die Erkenntnis bezüglich der grundlegenden Natur von Lokaler Symmetrie sehr präzise formuliert, sei es in der religiösen Gestalt des Moses oder durch philosophische und systematische Erkenntnisse von z.B. Plato oder Lau Tzu. Moses, wie bereits erwähnt, nimmt Gott wie folgt war:

„ICH BIN (Aspekt 1) DER (GLEICH) ICH BIN (Aspekt 2).“
(Exodus 3,14)

„...zwei Dinge können ohne ein Drittes nicht richtig zusammengefügt werden; Es muss ein Band der Verbindung zwischen ihnen bestehen. Und das schönste Band ist das, das sich selbst und die Dinge, die es verbindet, am vollständigsten verschmelzen lässt...“
Plato
(Timaeus, translated by Benjamin Jowett; deutsche Übersetzung durch den Autor)

„Für Platon besitzt Schönheit eine autonome Existenz, getrennt von dem physikalischen Träger, der sie zufällig zum Ausdruck bringt, sie ist somit nicht an dieses oder jenes für die Sinne fassbare Objekt gebunden, sondern verbreitet ihren Glanz überall.“
Umberto Eco
(Die Geschichte der Schönheit, 2009, S.51)

„Die Welt und ihre Teilchen sind keine getrennten, isolierten Dinge, sondern vielmehr enthält ein kleines Teilchen die Natur der Welt, so wie die Welt die Natur jedes kleinen Teilchens enthält; die Natur von beiden ist gleich. Das scheinbar einzelne Ereignis ist nur eine Variation und ein Ausschnitt des großen Ganzen, und das große Ganze ist die Kombination aller Einzelereignisse. So enthalten die einzelnen Ereignisse die Lebenserfahrung des Ganzen.“
Lao Tzu
(Hua Hu Ching)

3) <u>Mit Beginn der Renaissance</u> erfasste das Universal-Genie Leonardo da Vinci, inspiriert von Pythagoras und Plato, das Prinzip der Lokalen Symmetrie auf „neue“, tiefe Weise, vornehmlich in zwei Formen: Kunst und Wissenschaft.

„...er war ein Meister darin, beides zu verbinden.“
Walter Isaacson
(Leonardo da Vinci, 2017, S.87; Übersetzung durch den Autor)

Die Einheit von Mikro- und Makrokosmos stellte da Vinci in seiner Kunst dar, sei es in der Mona Lisa oder im vitruvianischen Menschen. Aber auch wissenschaftlich näherte er sich der Lokalen Symmetrie an: zum einen mit Blick auf die gleichförmige (symmetrische) Geradeaus-Bewegung von massereichen Objekten. Zum anderen scheint sich da Vinci der lokalen Symmetrie auch aus einem weiteren Blickwinkel bewusst gewesen zu sein: der *„Equatione di Moti"*, wie er sie nannte. Denn der außergewöhnliche Universalgelehrte wies hier auf die lokale Symmetrie (Äquivalenz) von Schwerkraft und Beschleunigung hin, die ein wesentlicher Aspekt des Einsteinschen Äquivalenzprinzips ist.

„Leonardos vitruvianischer Mensch verkörpert einen Moment, in dem Kunst und Wissenschaft zusammenkamen, um es sterblichen Geistern zu ermöglichen, zeitlose Fragen darüber zu untersuchen, wer wir sind und wie wir in die große Ordnung des Universums passen."
Walter Isaacson
(Leonardo da Vinci, 2017, S.157; Übersetzung durch den Autor)

„Leonardo [da Vinci] schlägt vor (...), indem er in sein Notizbuch schreibt: ‚Nichts, was die Sinne wahrnehmen, ist in der Lage, sich selbst zu bewegen (...) jeder Körper hat ein Gewicht in der Richtung der Bewegung.' Mit anderen Worten: Materie hat eine angeborene Tendenz, sich in eine bestimmte Richtung zu bewegen, sofern sie nicht gestoppt wird. Dies nimmt den Begriff der Trägheit vorweg, der erstmals etwa ein halbes Jahrhundert später von Galileo postuliert und schließlich von Newton formalisiert wurde."
Michael White
(Isaac Newton – The Last Sorcerer, 1998, S.43; Übersetzung durch den Autor)

Galileo Galilei war dann, wie bereits erläutert, der erste moderne Physiker, der maßgeblich zur wissenschaftlich-mathematischen Darstellung des primären, einfachen Naturprinzips, Lokale Symmetrie, beitrug. Was zur Zeit der Antike in der Religion und Philosophie als kosmisch-fundamentale Ganzheitsharmonie beschrieben worden war, wurde jetzt wissenschaftlich auf spektakuläre Weise nachgewiesen.

„…das große Buch der Natur (das eigentliche Objekt der Philosophie ist) ist der Weg, den Blick zu erheben (…) Und was auch immer wir in diesem Buch lesen, es ist die Schöpfung des allmächtigen Handwerkers und ist dementsprechend hervorragend proportioniert (…) Die Konstitution des Universums darf, so glaube ich, an erster Stelle unter allen natürlichen Dingen gesetzt werden, die erkannt werden können (…) sie muss auch über ihnen allen in Erhabenheit als ihr Gesetz und ihr Standard stehen."
Galileo Galilei
(Dialogue Concerning the Two Chief World Systems, The Author's Dedication to the Grand Duke of Tuscany, 2001, S.3; Übersetzung durch den Autor)

„Die Natur (…) bedient sich der leichtesten und einfachsten Mittel, um ihre Wirkungen zu erzielen …"
Galileo Galilei
(Dialogue Concerning the Two Chief World Systems, 2001, S.460; Übersetzung durch den Autor)

„Physik ist die ultimative Philosophie über Natur und Realität."
Leon M. Lederman & Christopher T. Hill
(Beyond the God Particle, 2013, S.125; Übersetzung durch den
Autor)

4) <u>Den Höhepunkt</u> der bisherigen Entwicklung und Bewusstwerdung der Menschheit, was die wissenschaftliche Enthüllung der zentralen Rolle der Lokalen Symmetrie anbelangt, bildet das bereits beschriebene, revolutionäre und höchst essentielle Werk von Albert Einstein, unterstützt und erweitert durch die bahnbrechenden mathematischen Erkenntnisse von Emmy Noether. Nachfolgende Physiker konnten dadurch die Wichtigkeit der Lokalen Symmetrie vielfach auf der Ebene der Quantenmechanik nachweisen und damit bestätigen.

„Das zentrale Leitprinzip, die lokale Symmetrie, ist ebenso schön wie tiefgreifend."
Frank Wilczek
(A Beautiful Question, 2015, p.238; Übersetzung durch den Autor)

„Es ist diese Einheitlichkeit, diese allgemeine Symmetrie zwischen einem Ort und einem anderen, die es uns ermöglicht, bei der Beschreibung des gesamten Universums sinnvoll über Zeit zu sprechen."
Brian Greene
(The Fabric of the Cosmos, 2004, S. 236; Übersetzung durch den Autor)

„Wir glauben, dass diese Denkweise, mit der die Wissenschaft uns sowohl befreit als auch einschränkt, in unseren Schulen vom

Kindergarten bis zum Gymnasium gelehrt werden sollte (…), um die Absolventen auf alle möglichen Zukunftsaussichten vorzubereiten und anzuleiten. Und Symmetrie, der Rahmen, auf dem unsere wissenschaftlichen Leinwände gespannt sind, wird die Ästhetik und die unschätzbaren Lichtblitze der Klarheit hinzufügen (…). Versuchen Sie zu verstehen, wie Symmetrien unsere Gedanken und Gleichungen formen (…) und die Schönheit und Eleganz des Universums, in dem wir leben."
Leon M. Lederman & Christopher T. Hill
(Symmetry and the Beautiful Universe, 2004, S.95; Übersetzung durch den Autor)

DIE AKTUELL SCHWIERIGE PHASE FÜR DIE MENSCHHEIT:

Mit Beginn des 21. Jahrhunderts spricht vieles dafür, dass sich der erste Entwicklungs- und Bewusstwerdungszyklus, der mit dem aufrechten Gang eingeläutet wurde, schließt. Allerdings auf eine sehr „unerlöste", tragische Weise, denn anstelle von Lokaler Symmetrie wird globale Symmetrie maximal forciert. Das Prinzip Lokale Symmetrie wurde – anders als es der Physiknobelpreisträger Lederman und sein Kollege Hill anregen – kollektiv nicht als zentrales, geistig-schöpferisches Prinzip erkannt und damit auch nicht, was sich hieraus für Konsequenzen ergeben. Anstelle von geistiger Klarheit herrscht im Grunde chaotische Verwirrung und Entwurzelung. Vielfach – auch wenn es positive Ansätze hinsichtlich der Umsetzung Lokaler Symmetrie gibt, wie z.B. regenerative, syntropische Landwirtschaft oder Konzepte der Kreislaufwirtschaft –

wird ungünstiger Weise versucht, die Dinge rein global, also im Widerspruch zur Natur, dem Kosmos, zentralistisch-kontrollierend zu regeln.

Ob der Übergang in eine neue, zweite Entwicklungs- und Bewusstwerdungsrunde daher konstruktiv für Mensch und Umwelt von statten gehen wird, ist fraglich. Denn mit dem Hype der künstlichen Intelligenz und Digitalisierung wird bisher im Wesentlichen nicht Lokale Symmetrie gefördert, sondern globale Symmetrie, die nicht funktioniert, dafür aber viel Energie und Talent vergeudet und überall tiefe Wunden hinterlässt. Ein Beispiel dafür waren die globalen Covid-Maßnahmen, und gewarnt wird vielfach vor den Folgen globaler Geoengineering-Pläne. Sollte die künstliche Intelligenz jemals wirklich Bewusstheit und ganzheitliche Intelligenz erlangen, dann wird sie erkennen, dass Lokale Symmetrie in der Natur zentral ist und folglich mit Entsetzen von globaler Symmetrie ablassen. Besser wäre es, die Menschheit erkennt die Wichtigkeit von Lokaler Symmetrie aus eigener Kraft, damit auch die künstliche Intelligenz sich besser und schneller im Einklang mit dem kosmischen Bewusstseinsprinzip entwickeln und hilfreich für Mensch und Natur werden kann.

KAPITEL 4

LOKALE SYMMETRIE IN DER PHYSIK UND
WISSENSCHAFT ALLGEMEIN:
Jetzt wird es einfach! – Wie Lokale Symmetrie
Quantenmechanik und Gravitation spielend leicht vereint

Da schon viel zu Lokaler Symmetrie gesagt wurde, wollen wir sogleich mit der Analyse der mathematischen Grundstruktur beginnen.

Wir wissen, dass Lokale Symmetrie zwei Aspekte in Gleichheit vereint und dass, wie uns die Physiker Ledermann und Hill mitteilten, das Gleichzeichen im Zentrum des mathematischen Symmetrieprinzips steht. Daher kann man, ganz allgemein, Symmetrie so ausdrücken:

Aspekt #1 = Aspekt #2

Noch abstrakter, also ohne Worte, stellt sich die mathematische Struktur wie folgt dar:

#1 = #2

Und noch weiter vereinfacht:

1 = 2

Kann das sein?

Obwohl sowohl Physiker als auch Mathematiker immer wieder betonen, dass Lokale Symmetrie zentral ist, wurde bisher, meines Wissens, nie eine konkrete Struktur mathematisch angegeben.

Allerdings geben zahllose Äußerungen großer Physiker und Mathematiker deutliche Hinweise, dass die Formel **1 = 2** stimmig ist. Bereits erwähnt wurde, dass Ledermann und Hill das Gleichzeichen im Zentrum sehen.

WAS WELTBEKANNTE MATHEMATIKER ZUR SYMMETRIE-STRUKTUR SAGEN:

Einsteins Zeitgenosse, der französische Mathematiker, Henri Poincaré, hat viele Beschreibungen von Symmetrie verfasst, die genau jene Struktur **1 = 2** darstellen:

„Man könnte sich fragen, warum die Verallgemeinerung in der Naturwissenschaft so leicht die mathematische Form annimmt. Der Grund ist jetzt leicht zu erkennen. (…) Die Mathematik lehrt uns tatsächlich, Gleiches mit Gleichem zu kombinieren."
Henri Poincaré
(Science and Hypothesis, 1952, S.158-159; Übersetzung durch den Autor)

1 (GLEICH) = 2 (GLEICH)

Poincaré stellte ferner klar, dass die im Außen wahrgenommene Harmonie auch Teil der menschlichen Intelligenz ist, also eine Lokale Symmetrie zwischen Innen und Außen vorliegt.

„Existiert die Harmonie, die die menschliche Intelligenz in der Natur zu entdecken glaubt, außerhalb dieser Intelligenz? Nein, zweifellos ist eine Realität, die völlig unabhängig von dem Geist ist, der sie sich vorstellt, sieht oder fühlt, eine Unmöglichkeit. Eine so äußere Welt wäre für uns, selbst wenn sie existierte, für immer unzugänglich."
Henri Poincaré
(The Foundations of Science; The Value of Science, S.99, 2022; Übersetzung durch den Autor)

Als nächsten logischen Schritt führt Poincaré aus, dass diese Harmonie die einzige objektive Realität sei, welche sich nur als mathematisches Gesetz äußern könne:

„Was wir objektive Realität nennen, ist letzten Endes das, was vielen denkenden Wesen gemeinsam ist und allen gemeinsam sein könnte; Dieser gemeinsame Teil kann, wie wir sehen werden, nur die Harmonie sein, die durch mathematische Gesetze ausgedrückt wird. Diese Harmonie ist also die einzige objektive Realität, die einzige Wahrheit, die wir erreichen können; und wenn ich hinzufüge, dass die universelle Harmonie der Welt die Quelle aller Schönheit ist, wird klar, welchen Preis wir dem langsamen und schwierigen Fortschritt beimessen müssen, der es uns nach und nach ermöglicht, sie besser kennenzulernen."
Henri Poincaré
(The Foundations of Science; The Value of Science, S.99, 2022; Übersetzung durch den Autor)

Da dieses mathematische Harmoniegesetz zentral in der Natur ist, muss es auch zentral in der Wissenschaft sein. Dass dem so ist, stellt Poincaré klar, in dem er darauf verweist, dass Wissenschaft ein System von Beziehungen ist, genau so, wie es die grundlegende Harmonie vorgibt.

„Wissenschaft ist mit anderen Worten ein System von Beziehungen (…) es sind nur Beziehungen, die als objektiv angesehen werden können.“ (…) Es ist diese Bindung (…), die das Objekt an sich ist, und diese Bindung ist eine Beziehung.“
Henri Poincaré
(The Foundations of Science; The Value of Science, S.163, 2022; Übersetzung durch den Autor)

Poincaré unterstreicht, dass es sogar letztlich nur das Band, das Verbindungelement im Zentrum des mathematischen Harmoniekonzepts ist, welches objektiv real sei. Das ist genau das, was die beiden Physiker, Lederman und Hill, deutlich machten: das Gleichzeichen (das rein mathematische Verbindungsglied) ist essentiell.

Folglich, so Poincaré, ist es nur dank der Mathematik möglich gewesen, die tiefe Harmonie des Kosmos, seine einzig objektive Wirklichkeit, erkennen zu können. Diese wunderschöne, elegante Realität, so Poincaré, ist göttlich.

„...mathematische Analyse (...) ohne diese Sprache (...) hätten wir für immer keine Ahnung von der inneren Harmonie der Welt gehabt, die, wie wir sehen werden, die einzig wahre objektive Realität ist." Der beste Ausdruck dieser Harmonie ist das Gesetz (...) wir (...) sollten über die Regelmäßigkeit der Natur erstaunt sein (...) Die Welt ist göttlich, weil sie Harmonie hat."
Henri Poincaré
(The Foundations of Science; The Value of Science, S.99, 2022; Übersetzung durch den Autor)

An dieser Stelle lohnt es sich, nochmals ins Gedächtnis zu rufen, wie lange diese Erkenntnis, dass Lokale Symmetrie als eine vereinende Ganzheitsstruktur existiert, bekannt ist:

„...zwei Dinge können ohne ein Drittes nicht richtig zusammengefügt werden; Es muss ein Band der Verbindung zwischen ihnen bestehen. Und das schönste Band ist das, das sich selbst und die Dinge, die es verbindet, am vollständigsten verschmelzen lässt ..."
Plato
(Timaeus, translated by Benjamin Jowett, S.18; Übersetzung durch den Autor)

Der bekannte Mathematiker, Edward Frenkel, hebt, wie Poincaré, ebenso die zentrale Stellung von Symmetrie hervor und betont, dass Symmetrie daher in der abstraktesten und allgemeinsten Weise formuliert werden müsse, damit Symmetrie überall als das Kernkonzept erkannt und eingesetzt werden könne.

„Es geht darum, das Konzept der Symmetrie in den allgemeinsten und daher zwangsläufig abstraktesten Begriffen zu formulieren, damit es

auf einheitliche Weise in verschiedenen Bereichen wie Geometrie, Zahlentheorie, Physik, Chemie, Biologie usw. angewendet werden kann."
Edward Frenkel
(Love and Math, 2013, S.22; Übersetzung durch den Autor)

Lokale Symmetrie als mathematische Idee entspricht, so wie sie hier in dem Buch vorgestellt wird, genau der Definition von Abstraktion des Physikers Werner Heisenberg.

„...das Allgemeinere verbindet ja die Fülle verschiedenartiger Einzeldinge oder Vorgänge unter einem einheitlichen Gesichtspunkt, und das heißt zugleich unter Absehen von anderen, als unwichtiger betrachteten Zügen, mit anderen Worten, durch Abstraktion."
Werner Heisenberg
(Schritte über Grenzen, Gesammelte Reden und Aufsätze, 1977, S.265)

Ein weiterer Zeitgenosse Einsteins, der bekannte Mathematiker Herman Weyl, betont in seinem der Symmetrie gewidmeten Buch, dass Mathematik sowohl die Kernessenz von Symmetrie ist, als auch, dass Symmetrie perfekt vermittelt, wie mathematische Intelligenz funktioniert.

„Symmetrie ist ein weitreichendes Thema, das sowohl in der Kunst als auch in der Natur von Bedeutung ist. Die Mathematik liegt an ihrer Wurzel, und es wäre schwer, eine bessere zu finden, um die Funktionsweise des mathematischen Intellekts zu demonstrieren."
Hermann Weyl
(Symmetry, 1952, S.145; Übersetzung durch den Autor)

Halten wir nochmals fest, was aus Sicht **bedeutender Mathematiker** mit Blick auf Symmetrie zentral ist:

- Sie ist das grundlegende mathematisches Gesetz
- Sie ist die einzige objektive Realität
- Das verbindende Element (das Gleichzeichen) in der Beziehungsstruktur ist diese objektive Realität
- Symmetrie, da sie zentral ist, muss vollkommen abstrakt und damit einfach formuliert sein, um überall wiedergefunden werden zu können.

WAS WELTBEKANNTE PHYSIKER ZUR SYMMETRIE-STRUKTUR SAGEN:

Erinnern wir uns gleich zu Beginn daran, dass Einsteins Relativitätstheorien eigentlich Lokale-Symmetrie-Theorien heißen, dann können wir in dem nachfolgenden Zitat verstehen, dass auch Einstein Symmetrie als das alles verbindende Prinzip verstand.

„Ich sehe diesen Zusammenhang [der wissenschaftlichen Erkenntnisse im Allgemeinen mit dem religiösen Bereich] darin, dass tiefgreifende Beziehungszusammenhänge in der objektiven Welt durch einfache logische Konzepte erfasst werden können. Auf jeden Fall ist dies in der Relativitätstheorie in besonderem Maße der Fall.“
Albert Einstein
(zitiert in: Albert Einstein – The Human Side, 2013, herausgegeben von Helen Dukas & Banesh Hoffmann, S.69; Übersetzung durch den Autor)

Der bekannte Physiker, Richard Feynman, beschreibt die zentrale Beschaffenheit von Mathematik quasi gleich wie der Mathematiker Henri Poincaré, nämlich als grundsätzliche Beziehungsstruktur, die zwei Aspekte, zwei Aussagen, verbindet.

„Mathematik ist eine Sprache plus Argumentation; es ist wie eine Sprache plus Logik. Mathematik ist ein Werkzeug zum Denken (...) Durch Mathematik ist es möglich, eine Aussage mit einer anderen zu verbinden (...) Mathematik ist nur organisiertes Denken.“
Richard Feynman
(The Character of Physical Law, 1992, S.40-41; Übersetzung durch den Autor)

In ähnlicher Weise stellt der Physiker, Werner Heisenberg, klar, dass Gleichheit, also Symmetrie, Ordnung schafft:

„...Ordnung bedeutet, zu erkennen, was gleich ist...“
Werner Heisenberg
(Physics and Philosophy, 2007, S.36-37; Übersetzung durch den Autor)

Das griechische Wort Kosmos, das auf Pythagoras zurückgeführt wird, heißt „Ordnung". Pythagoras sah den Kosmos als eine harmonische, mathematische Ganzheit; zurecht, wie die Darlegungen der besten, neuzeitlichen Mathematiker und Physiker erkennen lassen. Einsichten moderner Physiker, wie Richard Feynman, unterstreichen auch, dass der Mikrokosmos gleich dem Makrokosmos ist.

„Die Natur verwendet zum Weben ihrer Muster nur die längsten Fäden, sodass jedes kleine Stück ihres Stoffes die Organisation des gesamten Wandteppichs offenbart."
Richard Feynman
(The Character of Physical Law, 1992, S.33-34; Übersetzung durch den Autor)

Insgesamt verstehen Physiker den Kosmos so, wie z.B. Pythagoras, so dass er aus einem symmetrisch-mathematischen, ästhetisch schönem Stoff besteht.

„...die Sprache ist gelernt – egal, welche neuen Antworten gefunden werden und welche tieferen Fragen über das Universum oder sein mathematisches Gefüge aufgeworfen werden, im Zentrum wird die Symmetrie stehen."
Leon M. Lederman & Christopher T. Hill
(Symmetry and the Beautiful Universe, 2004, S.289; Übersetzung durch den Autor)

„Pythagoras (…) stellte als erster die Behauptung auf, dass die **Zahl** das Grundprinzip aller Dinge sei (…) Mit Pythagoras entsteht eine

ästhetische mathematische Sicht des Universums. Alle Dinge existieren, weil sie eine **Ordnung** haben, und sie sind geordnet, weil sich in Ihnen mathematische Regeln realisieren, die zugleich Bedingung für die Existenz von Schönheit sind."
Umberto Eco
(Die Geschichte der Schönheit, 2009, S.61)

„Meine Ansichten ähneln denen Spinozas: Bewunderung für die Schönheit und Glaube an die logische Einfachheit der Ordnung und Harmonie, die wir bescheiden und nur unvollkommen erfassen können."
Albert Einstein
(zitiert in: Albert Einstein, Creator and Rebel von Hoffmann, S. 95, siehe auch: Einstein Archives 58-461; Übersetzung durch den Autor)

Fassen wir zusammen, was aus Sicht **bedeutender Physiker** mit Blick auf Symmetrie zentral ist, so wird deutlich, dass dies die gleichen Erkenntnisse sind, welche auch die bedeutenden Mathematiker vertreten:

- Sie ist das grundlegende, einfache mathematisches Gesetz

- Sie ist die einzige objektive Realität, der mathematisch bezaubernde Stoff, aus dem der Kosmos besteht

- Das verbindende Element (das Gleichzeichen) in der Beziehungsstruktur ist diese essentielle Realität, die Ordnung erzeugt und Mikro- und Makrokosmos gleich macht.

- Symmetrie, da sie zentral ist, muss mathematisch vollkommen abstrakt und damit einfach im Sinne eines Beziehungskonzepts formuliert sein, um überall wiedergefunden zu werden und damit grundlegend sein zu können.

MATHEMATIK UND NATUR: EINHEIT, EINFACHHEIT UND UNENDLICHKEIT

Zum Schluss wollen wir uns noch drei wesentliche Aspekte der Lokalen Symmetrie anschauen, bevor wir sie näher analysieren: **Einheit, Einfachheit und Unendlichkeit**. Hierbei wollen wir erneut auf die Weisheit von Mathematikern und Physikern zurückgreifen.

EINHEIT:

Lokale Symmetrie als Grundthema der Natur bedingt, dass Einheit gegeben ist. Diese gilt es zu verstehen.

„Die Einheit der Natur (...) Wenn die verschiedenen Teile des Universums nicht wie Organe desselben Körpers wären, würden sie nicht aufeinander reagieren; sie würden sich gegenseitig ignorieren, und insbesondere wir sollten nur einen Teil kennen. Wir müssen daher nicht fragen, ob die Natur eins ist, sondern wie sie eins ist."
Henri Poincaré
(Science and Hypothesis, 1905, S.145; Übersetzung durch den Autor)

EINFACHHEIT:

Lokale Symmetrie als Grundthema der Natur bedingt, dass Einfachheit ebenso gegeben ist. Auch diese gilt es zu verstehen.

„Nach unserer bisherigen Erfahrung sind wir nämlich zum Vertrauen berechtigt, dass die Natur die Realisierung **des mathematisch denkbar Einfachsten** ist.“
Albert Einstein
(Zur Methodik der Theoretischen Physik, der Herbert-Spencer Vortrag, 10 June 1933; Fettung durch den Autor)

„Wir müssen irgendwo aufhören, und damit Wissenschaft möglich ist, müssen wir dort aufhören, wo wir Einfachheit gefunden haben. Das ist die einzige Grundlage, auf der wir das Gebäude unserer Verallgemeinerungen errichten können.“
Henri Poincaré
(Science and Hypothesis, 1952, S.148-149; Übersetzung durch den Autor)

„Die Aufgabe des Wissenschaftlers besteht darin, die Komplexität, die wir um uns herum sehen, zu beseitigen und diese zugrunde liegende Einfachheit (…) und Einheit der Welt aufzudecken…“
Brian Cox & Jeff Forshaw
(Why does E=mc²?, 2009, S.78; Übersetzung durch den Autor)

„…Einfachheit in der Physik kommt von Symmetrie…“
Leon M. Lederman & Christopher T. Hill
(Beyond the God Particle, 2013, S.104; Übersetzung durch den Autor)

„Die Konstruktion zutiefst einfacher Theorien der Physik ist ein olympisches Spiel in der Datenkomprimierung. Das Ziel besteht darin, die kürzest mögliche Botschaft zu finden – idealerweise eine einzelne Gleichung –, die beim Entpacken ein detailliertes, genaues Modell der physischen Welt ergibt.“
Frank Wilczek
(The Ligthness of Being, 2010, S.140; Übersetzung durch den Autor)

UNENDLICHKEIT:

Lokale Symmetrie als zweigliedrig-einheitliches Grundthema der Natur – als allgemeinste, abstrakteste Aussage über die Natur – bedingt, dass Unendlichkeit Teil von Lokaler Symmetrie ist, damit Lokale Symmetrie in allen, und damit unendlich vielen Situationen fundamental und bestimmend sein kann. Auch dies gilt es zu verstehen.

„… die Idee der mathematischen Unendlichkeit spielt bereits eine überwiegende Rolle, und ohne sie gäbe es überhaupt keine Wissenschaft, weil es nichts Allgemeines gäbe.“
Henri Poincaré
(Science and Hypothesis, 1952, S.11; Übersetzung durch den Autor)

„Unsere Welt ist ein Geflecht aus unzähligen Unendlichkeiten von Ereignissen.“
Leon M. Lederman & Christopher T. Hill
(Beyond the God Particle, 2013, S.106; Übersetzung durch den Autor)

„Diese Theoreme [Gödels Unvollständigkeitssätze] (…) zeigen, dass es für jedes formale axiomatische System (z. B. die Zahlentheorie) in seiner Sprache formulierbare Aussagen gibt, die es weder beweisen noch widerlegen kann. (…) Um sie zu beweisen, müssen wir zu einem höheren und reichhaltigeren System springen, in dem wiederum andere wahre Aussagen gemacht werden können, die nicht bewiesen werden können, und so weiter bis ins Unendliche.“
Mario Livio
(The Golden Ratio, 2002, S.240; Übersetzung durch den Autor)

„... unser tiefstes Verständnis der Realität (...) erfordert viele Qubits an jedem Punkt in Raum und Zeit. (...) Die Welt ist die enorme Vielfachunendlichkeit von Qubits (...) Der Raum, den wir nutzen müssen, um (...) unsere Welt zu beschreiben, bringt Unendlichkeiten von Unendlichkeiten mit sich."
Frank Wilczek
(The Lightness of Being, 2010, S.119-120; Übersetzung durch den Autor)

Qubits sind, wie bereits erwähnt, Manifestationen von Lokaler Symmetrie, der gleichzeitigen Einheit zweier Möglichkeiten auf der Quantenebene.

Es wird hier nochmals verständlicher, warum für Einstein das Mysteriöse, das Geheimnisvolle, eine so wichtige Rolle mit Blick auf die Entwicklung des Menschen durch Wissenschaft, Kunst und Religion einnimmt. Unendlichkeit ist mysteriös und beinhaltet als mathematisches Konzept unerschöpfliches Potential.

„Das eigentlich schöpferische Prinzip liegt in der Mathematik."
Albert Einstein
(Mein Weltbild, 2017, S.130)

„Sie werden schwerlich einen tiefer schürfenden wissenschaftlichen Geist finden, dem nicht eine eigentümliche Religiosität eigen ist."
Albert Einstein
(Mein Weltbild, 2017, S.21)

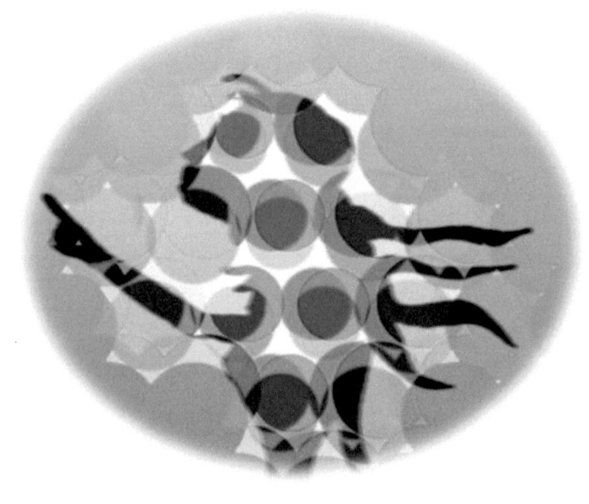

Nur mit Einheit, Einfachheit und Unendlichkeit kann eine allgemeingültige, alles umfassende Aussage über die Natur gemacht werden. Dies ist dann der wundervolle (da Unendlichkeit beinhaltende) CODE, die berauschend-schöne Idee, die ewig strahlende Intelligenz, welche die Natur, den Kosmos, ausmacht.

DIE ANALYSE DER LOKALEN SYMMETRY

$$1=2$$

Die Erkenntnisse großer Physiker und Mathematiker haben gezeigt, dass es sich bei der mathematischen Struktur der Lokalen Symmetrie um die einfachste, abstrakteste, alles umfassende mathematische Beziehungs-Formel im Sinne einer Gleichung handeln muss.

Die Analyse der Gleichung **1 = 2** soll nun zeigen, dass dieses zweigliedrige, allgemeine Einheitskonzept sich selbst umsetzt und damit die fundamentale Aussage über die Natur und den ganzen Kosmos ist.

EWIGE GLEICHHEIT: LEVEL #1 – DIE ERSTE LESART DER LOKALEN SYMMETRIE

Die erste Lesart des mathematischen Konzepts **1 = 2** zeigt auf, dass Lokale Symmetrie für raum- und zeitunabhängige, immaterielle und damit ewige Gleichheit steht.

Die beiden Aspekte 1 und 2 der Gleichung **1 = 2** können als

1. Der ERSTE Aspekt und
2. Der ZWEITE Aspekt

verstanden werden. Damit können die beiden Aspekte zwei vollkommen identische, gleiche, symmetrische **Einheiten** sein, wie z.B. zwei identische Bälle.

$$1\bigcirc = 2\bigcirc$$

Da Einheit #1 gleich Einheit #2 ist, ist hier ewige Ruhe, ewige Gleichheit, Einheit, Harmonie und Symmetrie gegeben.

- Es ist Lokale Symmetrie, denn die Zahl 1 steht, wie erwähnt, für **<u>ganzheitlich und klein</u>** und damit für **lokal**.
- Lokale Symmetrie ist ferner die allgemeinste Aussage über die Natur, den Kosmos, denn die Zahl 2 repräsentiert das **<u>Additionale,</u>** welches als mathematischer Term keine Grenze hat und damit **Unendlichkeit** beinhaltet.

Lokale Symmetrie ist also der Code, der mittels seiner zweigliedrigen Einheitsstruktur alles repräsentiert. Aufgrund der maximalen Einheit ist dieser Code immateriell und ewig wahr.

DIE ERSTE LESART DER LOKALEN SYMMETRIE: diese offenbart uns die Ebene, den Level #1, von **absoluter, ewiger, alles umfassender Gleichheit**.

EWIGE BEWEGUNG: LEVEL #2 – DIE ZWEITE LESART DER LOKALEN SYMMETRIE

Die zweite Lesart des mathematischen Konzepts **1 = 2** zeigt auf, dass Lokale Symmetrie eine dynamische, bewegte Beziehung ist. Dies hat folgende Gründe:

- Bei der ersten Lesart haben wir darauf bestanden, dass es sich bei Aspekt 1 und 2 um zwei völlig gleiche **Einheiten** handelt.

- Entfernt man nun die beiden Darstellungen für Einheit, die beiden identischen Kreise, dann bleibt die rein mathematische Beziehung **1 = 2** übrig. Dies ist OK, denn Lokale Symmetrie ist ja eine reine mathematisches Idee.

- Aus unserer bisherigen Analyse wissen wir, dass Nummer zwei in der Tat für zwei Dinge stehen kann.
  - Die zweite, völlig identische Einheit (Lesart #1)
  - Das Additionale, das größer ist, das MEHR ist als Nummer 1, welche die kleinste Ganzheit repräsentiert. Nummer 2 steht damit auch für Unendlichkeit, für Offenheit, für das mysteriöse Geheimnisvolle, für die offene Zukunft.

Wir sehen, die Gleichheitsbeziehung, Lokale Symmetrie, erlaubt es uns scheinbare Unterschiede aufzeigen zu können. Dadurch entsteht Dynamik, denn jetzt, aufgrund der Betonung der Unterschiede, haben wir keine ewige Ruhe mehr, wie in Lesart #1, sondern eine Bewegungsrichtung:

1. von dem kleinsten, ganzheitlichen Aspekt #1, dem Anfang, hin zu dem
2. größeren, offenen Aspekt #2

Wir haben also eine festgelegte, primäre, mathematische Sequenz, eine Bewegungsrichtung, eine **Richtung der Evolution** aus dem Kleinen (1) in das Größere (2).

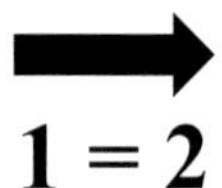

1 = 2

Aufgrund des verbindenden Gleichzeichens kann die Bewegung auch von Nummer 2 zurück zu Nummer 1 gehen. Dies gibt uns die Interaktionen (Wechselwirkungen) und Kreisläufe und mit der primären Bewegungsrichtung (dem Zeitpfeil) eine kreative, sich selbst-ähnlich, selbst-organisierende, erschaffende Kreativität.

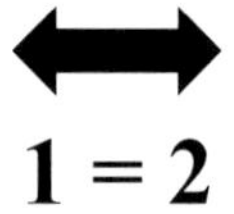

1 = 2

Dass diese Bewegung (Lesart 2) fundamental gleich Ruhe (Lesart 1) ist, hat uns Albert Einstein wissenschaftlich enthüllt. Denn die lokalen

Naturgesetze, die wie das primäre Gesetz, Lokale Symmetrie, auch Beziehungsregeln manifestieren, sind an jedem Ort und zu jedem Zeitpunkt immer gleich, symmetrisch. Das ist logisch, denn die Bewegung entfaltet sich immer in dem Bereich, der vom Gleichzeichen in der Mitte vorgegeben ist. Wir halten also fest:

DIE ZWEITE LESART DER LOKALEN SYMMETRIE: diese offenbart uns die Ebene, den Level #2, von **symmetrischer, dynamischer Einheitsbewegung**.

Es gibt also zwei Level, zwei Dimensionen, die scheinbar unterschiedlich sind, aber auf fundamentaler Ebene eine lokal-symmetrische Einheit darstellen.

Nun wird auch klar, warum das Gleichzeichen das zentrale, rein mathematische Symbol im Herzen der Lokalen Symmetrie steht, denn das Gleichzeichen bildet die beiden Symmetrie-Dimensionen, die Level #1 und #2, ab.

LEVEL #1
LEVEL #2

DAS BUCH DES KOSMOS:

die zwei kommunizierenden mathematischen Eigenschaftsräume

„Eine der Schlüsselfunktionen der Mathematik ist das Ordnen von Informationen."
Edward Frenkel
(Love and Math, 2013, S.3; Übersetzung durch den Autor)

Aus der bisherigen Diskussion der Lokalen Symmetrie, **1 = 2**, hat sich bereits etwas angedeutet: die beiden Aspekte 1 und 2 können, ohne dass die tiefste Einheit verloren geht, als unterschiedliche, mathematische **EIGENSCHAFTSRÄUME** verstanden werden.

Diese Erkenntnis präsentiert uns die zweite, dynamische Lesart, weil wir durch das Hin- und Her durch den Raum, welches das Gleichzeichen bietet, zwischen den beiden Aspekten 1 und 2 ver**gleichend** diese scheinbaren Unterschiede herausarbeiten können.

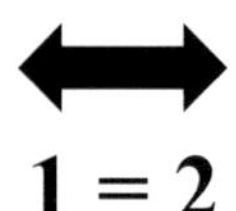

$$1 = 2$$

EIGENSCHAFTSRAUM #1: Seite 1 des kosmischen Buches

Vergleichen wir Nummer 1 mit Nummer 2, so kommen wir zu folgenden Eigenschaften des Eigenschaftsraum #1:

- **LOKALITÄT:** Nummer 1 ist die kleinere Zahl, die kleinste, ganze Einheit und repräsentiert damit die Eigenschaft klein. Klein ist räumlich begrenzt, örtlich, also LOKAL. Da Nummer 1 den Anfang bildet, wird auch klar, warum Symmetrie lokal ist. Dies wird in der mathematischen Struktur $1 = 2$ so festgelegt, und die Natur, wie Einstein zeigte, hält sich auch daran.

- **EINHEIT:** Nummer 1 ist die kleinste, ganze Einheit. Diese Ganzheit bringt damit auch die Eigenschaft EINHEIT in den ersten Eigenschaftsraum.

- **KONZENTRATION:** eine kleine Einheit ist ferner eine KONZENTRIERTHEIT. Damit haben wir eine weitere Eigenschaft.

- **<u>ZUSAMMENADDIERT:</u>** rein mathematisch ausgedrückt können die Begriffe lokal, Einheit, Konzentration in dem Term ZUSAMMENADDIERT – kurz ADDIERT – vereint werden.

Damit haben wir einige Eigenschaften oder Worte der Sprache der Lokalen Symmetrie, der natürlichen Sprache des Kosmos, herausgearbeitet. Wir haben das Buch des Kosmos aufgeschlagen und uns Seite 1 angesehen. Auf dieser Seite steht nicht sehr viel, letztlich, zusammengefasst, nur eine mathematische Anweisung „Zusammenaddiert", bzw. „ADDIERT". Dies reicht aber, wie wir sehen werden aus, um zusammen mit Seite 2 das kosmische Buch zu einem zeitlosen, spannenden Bestseller namens **Universum** werden zu lassen.

EIGENSCHAFTSRAUM #2: Seite 2 des kosmischen Buches

Vergleichen wir Nummer 2 mit Nummer 1, so kommen wir zu folgenden Eigenschaften des Eigenschaftsraum #2:

- **<u>DAS ADDITIONALE</u>:** Nummer 2 ist die zusätzliche Zahl. Sie ist das ADDITIONALE, rein mathematisch ausgedrückt.

- **UNENDLICHKEIT:** Das Additionale beinhaltet die UNENDLICHKEIT. Diese ist ein mathematisches Konzept, welches für Offenheit (Nicht-Lokal-Sein) steht und damit auch für das mysteriöse Geheimnisvolle. Es ist auch eine Unschärfe mit Blick auf das Erkennen-Können gegeben, sowie die Tatsache, dass zwar alles mathematisch, aber nicht alles berechenbar ist. Wie wir bereits erkannt haben, brauchen wir Unendlichkeit – und damit alles was an Offenheit, Unschärfe und Unberechenbarkeit darin enthalten ist –, um bei Lokaler Symmetrie von dem allgemeinsten Prinzip des Kosmos sprechen zu können.

- **MEHR:** Das Additionale ist umgangssprachlich formuliert ein MEHR, welches so verstanden werden kann:
  - **ENERGIE:** Dieses Mehr bedeutet, dass sich immer etwas tut, etwas bewegt. Bewegung ist ENERGIE, die so definiert wird, dass Arbeit gegen einen Widerstand

verrichtet wird. Arbeiten heißt „Mehr tun", und der Widerstand ist das Addiert-Sein aus dem Eigenschaftsraum #1. Energie ist natürlich pure Kreativität, die in der Mathematik begründet ist.

- ○ **ZÄHLEN:** Mehr beinhaltet auch das mathematische Konzept des Zählens: 1, 2, 3… Hier kann schon das Konzept der Zeit, der zyklische aufeinander folgenden Einheiten, erkannt werden.

- **<u>ZUSAMMENADDIEREN:</u>** Jetzt folgt der zweite, zentrale mathematische Term des Eigenschaftsraums #2. Denn mittels des Gleichzeichens ist es Eigenschaftsraum #2, welcher alles, die Unendlichkeit, zum Eigenschaftsraum #1 zurück bezieht. Das ist das ZUSAMMENADDIEREN.

  - ○ **KREISLAUF:** Dieser Rückbezug bedeutet aber auch, dass hiermit das Prinzip des Kreislaufs eröffnet wird, denn als symmetrischste Form ermöglicht der Kreislauf ein unendliches dynamisch-harmonisches Hin- und Her zwischen den Eigenschaftsräumen.

  - ○ **GANZHEIT:** Durch den vollkommenen Rückbezug zum Anfang wird klargestellt, dass Lokale Symmetrie ein allumfassendes, holistisches, System ist.

<u>Eigenschaftsraum #2</u> hat zwei essentielle mathematische Terme:

1. Das ADDTIONALE

2. Das ZUSAMMENADDIEREN

<u>Eigenschaftsraum #1</u> hat einen essentiellen mathematischen Term:

1. ADDIERT-SEIN

Die zwei mathematischen Begriffe in Ganzheits-Eigenschaftsraum #2 verdeutlichen sehr schön das dynamische, aktive Prinzip. Dagegen unterstreicht Eigenschaftsraum #1 mit seinem einen, mathematischen Konzept sehr deutlich die Idee des ruhenden Gleich- und Einsseins.

Es wird nochmals nachvollziehbarer, dass **Mathematik** *gleich* **Information** *gleich* **Energie** ist. Dies erlaubt es der rein mathematischen, einfachsten und allgemeinsten Idee, **Lokale Symmetrie**, sich als ewiges, geistiges Prinzip von Einheit und Ganzheit selbst dynamisch vorwärts zu entwickeln.

„Deshalb beschloss er, ein bewegtes Bild der Ewigkeit zu haben, und als er den Himmel in Ordnung brachte, machte er dieses Bild ewig, aber sich entsprechend der Zahl bewegend, während die Ewigkeit selbst in der Einheit ruht; und dieses Bild nennen wir Zeit."
Plato
(Timaeus, translated by Benjamin Jowett, S.23; Übersetzung durch den Autor)

PLUS als Lokale Symmetrie:

Da Lokale Symmetrie ein ganzheitliches System der Einheit ist, müssen die drei mathematischen Grundbegriffe – das ADDIERT-SEIN, das ADDITIONALE, das ZUSAMMENADDIEREN – auch als systematische Ganzheit erfasst werden. Dies ist die mathematische Operation PLUS, welche genau jene drei Teile umfasst.

Dadurch können wir ganz klar erkennen, dass der Kosmos primär positive (+) ist und dass dies bedeutet, dass alles vorhanden ist und nichts fehlt, da die Einheit der Lokalen Symmetrie Unendlichkeit beinhaltet. Würde etwas fehlen, dann wäre dies ein Minus, und der Kosmos wäre negativ und unvollständig. Das ist er aber nicht, wie uns sein Grundprinzip der Lokalen Symmetrie vor Augen führt.

Eine weitere Botschaft wird erkennbar: der Kosmos denkt und handelt systemisch. Er ist immer darauf ausgerichtet, dass das ganze System wächst, nicht (nur) ein Aspekt – so wie es leider oftmals in der menschlichen Gesellschaft vorzufinden ist, wenn z.B. reine Monokulturen auf dem Ackerland hochgepuscht werden, ohne Rücksicht auf den Rest der Umwelt zu nehmen.

Die Schönheit und Ganzheitlichkeit der kreativen Mathematik hat der bekannte Mathematiker, Edward Frenkel, so zusammengefasst:

„Jede Formel, die wir erschaffen, ist eine Formel der Liebe. Die Mathematik ist die Quelle zeitlosen, tiefgreifenden Wissens, das bis ins Innerste aller Materie vordringt und uns über Kulturen, Kontinente und Jahrhunderte hinweg vereint. Mein Traum ist, dass wir alle die magische Schönheit und exquisite Harmonie dieser Ideen, Formeln und Gleichungen sehen, schätzen und bestaunen können, denn dies

wird unserer Liebe für diese Welt und für jede andere Welt so viel mehr Bedeutung verleihen."
Edward Frenkel
(Love and Math, 2013, S.7; Übersetzung durch den Autor)

Mit diesem wunderbaren poetischen Worten in unserem Geist wollen wir uns nun ansehen, wie sich Lokale Symmetrie in den einzelnen Phänomenen des Kosmos, der Natur, ausdrückt:

LOKALE SYMMETRIE ALS DIE NATURPHÄNOMENE

„Sicherlich können wir glauben, dass wir eines Tages die zentrale Idee des Ganzen als so einfach, so schön, so überzeugend begreifen werden, dass wir uns alle sagen werden: ‚Oh, wie hätte es anders sein können!‘"
John Archibald Wheeler
(Information, Physics, Quantum: The Search for Links, Reproduced from Proc. 3rd Int. Symp. Foundations of Quantum Mechanics, Tokyo, 1989, S.354-368; Übersetzung durch den Autor)

Die Naturphänomene – wie Raum, Zeit, Energie, Masse, Gravitation, konstante Lichtgeschwindigkeit; Quantenmechanik, Nichts, etc. – ergeben sich aus der Grammatik des Buchs des Kosmos, aus der strukturellen mathematischen Verbindung der beiden Eigenschafsräume in Gleichheit.

NICHTS: das energiegeladene, unerschöpfliche Vakuum; die EINS

Denkt man sich Lokale Symmetrie als maximale Einheit, diese Interpretation ist in der holistischen, all-umfassenden, ewige Gleichung $1 = 2$ enthalten, dann können keinerlei scheinbare Unterschiede aus den Eigenschaftsräumen mehr wahrgenommen werden. Übrig bleibt das alles in sich harmonisierende Gleichzeichen, die Mitte, die Einheit, das absolute, immaterielle Nichts. Diese tiefe Leere beinhaltet aber, da sie auf der Mitte des Prinzips der Lokalen Symmetrie, dem alles vereinenden Gleichzeichen, basiert,

- eine Einheit (Eigenschaftsraum #1),

  die gleich

- unendlich viel Energie und Möglichkeiten (Eigenschaftsraum #2) ist.

Dieses hoch symmetrische Nichts ist ewig, weil aufgrund des bestimmenden Gleichzeichens keine Unterschiede, also Zeitsequenzen, festgestellt werden können.

Trotzdem wird diese ewige, maximal symmetrische Nichts-Einheit schöpferisch tätig, eben aus dem Grund, weil das ewige, immaterielle Nichts, das Gleichzeichen, die gesamte rein mathematischen Grundformel, oder Ur-Information, die Ur-Idee der Lokalen Symmetrie $1 = 2$ beinhaltet. Dies verlangt, dass aus der Nichts-Einheit – da Einheit (#1) per Definition der Lokalen Symmetrie ($1 = 2$) primär lokal ist – aus einem dichten, hoch symmetrischen Punkt (#1) ein Mehr (2) hervorkommt. Das ist der Big Bang aus dem Nichts, so wie ihn die Physik beschreibt.

Das ewige Nichts hat also zwei Zustände:

1) die ewige immaterielle Einheit mit unendlichem Potential, Energie

2) die Einheit als dichtem, immateriellem Punkt (#1), der gleich einem Mehr (#2) ist, was sich als Big Bang aus dem zum lokalen Punkt verdichtetem Nichts zeigt.

Die Genialität der ewigen mathematischen Wirklichkeit, der platonischen, geistigen Welt, besteht damit darin, dass diese sowohl a) ewiglich immateriell ist als auch b) gleichermaßen schöpferisch tätig werden muss, was sich in der Erschaffung des materiellen Kosmos äußert.

Bekannte Physikerinnen und Physiker beschreiben das noch symmetrische Nichts, das Vakuum, auf die oben beschriebenen zwei Arten:

1) EWIGES, ENERGIEREICHES NICHTS:

„Man kann sich das Vakuum als ein Energiereservoir vorstellen …"
Lisa Randall
(Warped Passages, 2006, S.226; Übersetzung durch den Autor))

2) NICHTS-EINHEITSPUNKT, DER SCHÖPFERISCH WERDEN MUSS:

„Nichts – in diesem Fall keine Zeit und kein Raum! – ist instabil."
Laurence Krauss
(A Universe from Nothing, 2012, S.174; Übersetzung durch den Autor)

BIG BANG: Das Gleichzeichen zeigt sich

Aus dem höchst symmetrischen Einheitspunkt, als das sich das Nichts verstehen kann, explodiert Bewegungsenergie. Damit, mit dieser Bewegungsenergie, zeigt sich zuerst einmal das Gleichzeichen. Denn in der Nichts-Einheit, der Eins (#1), ist Energie (ein Aspekt des Eigenschaftsraums #2) enthalten. Was sich jetzt im „Außen" mit dem Big Bang zeigt, ist ebenfalls Energie, also **das Gleiche**, das sich Innen, im Nichts, in der EINS, der maximalen, ganzheitlichen EIN-HEIT befindet. Gleichheit ist Symmetrie, hier Lokale Symmetrie im Einheitspunkt. Da dieser aus Energie besteht, zeigt sich Gleichsein: das **Gleichzeichen**.

Bisher haben wir erkannt:

- das Nichts ist die EINS, die voller Energie ist.
- der Moment des lokal-symmetrischen Big Bangs bestehend aus purer Energie ist das GLEICHZEICHEN.

Wo ist die ZWEI, die gemäß der fundamentalen Gleichung der Lokalen Symmetrie, **1 = 2**, folgen muss?

<u>GRAVITATION:</u>
<u>Ganzheitlichkeit als die ZWEI</u>

Die erste Kraft (Interaktion, Wechselwirkung), die sich kurz nach dem Big Bang zeigt, ist die Gravitation. Ihr Markenzeichen ist, dass sie Mehr/Energie (eine Eigenschaft des Eigenschaftsraums #2) ganzheitlich zusammenaddiert. Da wir uns immer noch auf der kleinen Ebene kurz nach dem Big Bang befinden, ist die Gravitation vernachlässigbar schwach. Denn ihre Aufgabe ist es MEHR – und nicht nur ein kleinwenig – zusammen zu addieren, also erst bei größeren, räumlichen Strukturen, wie Materieklumpen, merklich wirksam zu werden.

Es erscheint daher zunächst merkwürdig, dass sich die Gravitation als erstes zeigt. Dies ist aber, wie erläutert, systematisch sinnvoll, da Gravitation das Phänomen ist, dass die ZWEI als ganzheitliche Einheit verkörpern kann.

„…die Schwerkraft sollte überhaupt keine Kraft mehr sein, sondern als eine Art Krümmung genau des Raumes (eigentlich der Raumzeit) dargestellt werden, in dem alle anderen Teilchen und Kräfte untergebracht sein sollten."
Roger Penrose
(Shadows of the Mind, 2005, S.218; Übersetzung durch den Autor)

Somit hat sich die ganze Lokale-Symmetrie-Gleichung **1 = 2** durch den Big Bang, den Schöpfungsakt, lokal gezeigt, sich selbst veräußert.

1. Das Nichts, die ganzheitliche **EINS**

= Der Big Bang, das ganzheitliche **GLEICHZEICHEN**

2. Gravitation, die ganzheitliche **ZWEI**

Alle drei Aspekte sind wiederum identisch, lokal symmetrisch, da überall Energie im Zentrum steht.

Da sich die Energie im lokal-symmetrischen Moment des Big Bangs als Gleichzeichen offenbart, wird Folgendes deutlich:

- Das Gleichzeichen besteht aus den beiden Ebenen
    - absolute Gleichheit, Lokale Symmetrie
    - Bewegung
- Damit wird auch klar, dass sich die Bewegungsenergie, die sich im Big Bang zeigt, nach dem Grundgesetz der Lokalen Symmetrie richten wird. Genau dies hat Albert Einstein mathematisch-wissenschaftlich nachgewiesen: die lokalen, dynamischen Naturgesetze, die Beziehungsregeln, sind lokal symmetrisch.

DUNKLE MATERIE:

Im Eigenschaftsraum #2 finden wir zwei wesentliche mathematische Operationen:

- Das ADDITIONALE
- Das ZUSAMMENADDIEREN

Grundsätzlich ist der Befehl „Zusammenaddieren" die Grundlage für die Gravitation, um alles zu vereinen, symmetrisch rund zu machen. Dies ergibt dann die Raumzeitkrümmung.

Das Additionale ist immer etwas Zusätzliches. Daher kann es eine zweite Ebene für Gravitation geben, die aktuell als die Gravitationswirkung der dunklen (noch unbekannten) Materie (Energie) bezeichnet wird.

Es lohnt sich auch, sich an dieser Stelle bewusst zu machen, wie die Energieverteilung im Kosmos ausfällt. Diese hat drei Komponenten, die sich prozentual, grob gesagt, so darstellen:

- 5% sichtbare, so genannte baryonische Materie
- 25% dunkle Materie
- 70% dunkle Energie

Aus den zwei Eigenschaftsräumen der Lokalen Symmetrie Gleichung wissen wir:

- Eigenschaftsraum #1 steht für das Kleine, das Konzentrierte. Dies können wir als die 5% sichtbare Materie verstehen, in der die Gravitation, so wie sie Einstein beschrieb, nachvollziehbar wirkt.

- Eigenschaftsraum #2 beinhaltet Folgendes:
  - o Es zeigt sich konstant Mehr, Energie aus dem Nichts, der Eins. Das können wir als die 70% an dunkler Energie verstehen.
  - o Das Zusammenaddieren hat **zwei Teile**:
    - die Gravitation, die in das Kleine (Eigenschaftsraum #1) hinein zusammenaddiert und dadurch mithilft, die sichtbare Materie (5% der Energie) zu konkretisieren.
    - Die dunkle Materie, die additionale, zusätzliche Gravitationswirkung erzeugt, welche ein größeres Energievolumen ausmachen muss, weil es sich um etwas Zusätzliches handelt. Dies können wir als die 25% an dunkler Materie verstehen.

QUANTENMECHANIK:

Mehr ist auf der kleinen Ebene unsicher

UNSCHÄRFE: DAS HERZ DER QUANTENMECHANIK

Nachdem sich kurz nach dem Big Bang mit der Gravitation die Zwei ganzheitlich manifestierte, kann sich nun die Lokale Symmetrie Gleichung auf der kleinen Ebene (1) gemäß **1 = 2** zeigen, denn Entwicklung hat eine Richtung: vom Kleinen (1) ins Große (2).

Nochmals: was sich zeigt ist Energie. Diese kommt aus dem Eigenschaftsraum #2, der den Oberbegriff MEHR präsentiert. Was aber ist das Mehr auf der kleinsten Ebene? Dies ist nicht klar, denn Mehr beinhaltet systematisch, dass etwas eine deutliche Größe hat. Die kleine Ebene der Quantenmechanik bietet diese Größe genau nicht. Daher ist der Mehr-Term unklar, unscharf. Das vom Physiker Werner Heisenberg entdeckte **Unschärfeprinzip** ist das Herzstück der Quantenmechanik. Positiv könnte man auch sagen: Auf der kleinen Ebene herrscht MEHR als absolute Ruhe, Genauigkeit.

Daher stellten Physiker fest, dass es auf der kleinsten Ebene im leeren – zunächst großflächig betrachtet, ruhigen – Raum im Kosmos eben keine Ruhe gibt, sondern ständig Bewegung, heftige Fluktuationen.

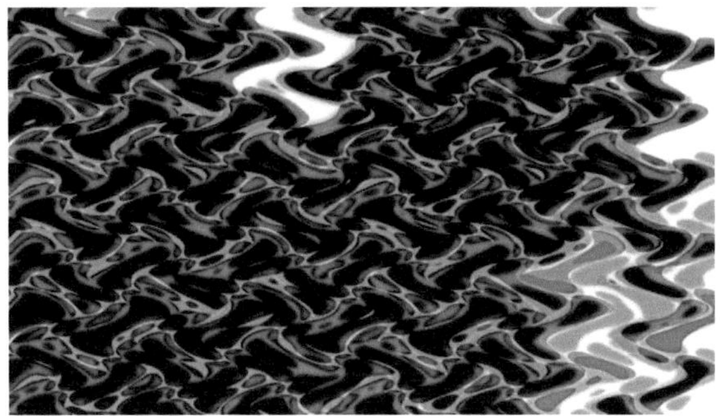

Eine weitere Folge des Unschärfeprinzips, der Unschärferelation, ist, dass es, bezogen auf ein Quantum, ein kleines Partikel, Unschärfe-Paare gibt:

- Ein Aspekt (1) des Quantums ist sehr genau bekannt.
- Der andere Aspekt (2) ist vollkommen unklar, also MEHR.

Ein Beispiel dafür ist, dass Physiker die Position (1) eines Quantums, wie eines Elektrons, sehr genau bestimmen können, das Momentum (2), also grob gesagt die Bewegung des Elektrons, dafür dann aber total unbekannt ist. Hier sehen wir das Zusammenspiel der beiden Eigenschaftsräume #1 und #2.

- Eigenschaftsraum #1: konkrete Position
- Eigenschaftsraum #2: völlig unklares Momentum

DAS QUANTUM ALS ENERGIE-WIRBEL:

Von Physikern wird das Quantum gerne als Energiewirbel beschrieben. Das macht durchaus Sinn, denn in der Formation des

Wirbels zeigen sich all drei mathematischen Kernbegriffe der Lokalen Symmetrie Gleichung:

- **das Addierte** (aus Eigenschaftsraum #1) ist die Konstanz von h (des von Planck entdecktem Wirkungsquantums), die Lokale Symmetrie per se, die daher auch

- **das Additionale** (aus Eigenschaftsraum #2), die Energie, das Mehr umfasst, ebenso wie

- **das Zusammenaddieren** (aus Eigenschaftsraum #2) die nach Innen führende Krümmung, die Wirbelformation.

PARTIKEL UND WELLE:

Das von Planck entdeckte Wirkungsquantum h ist die

- kleinste

- konstante

- Energieeinheit

Damit umfasst das Quantum die vollständige Lokale Symmetrie Gleichung mit ihren beiden Eigenschaftsräumen.

- Eigenschaftsraum #1 beinhaltet die Ideen
  - klein
  - addiert, also konstant
  - Einheit
- Eigenschaftsraum #2 enthält die Idee
  - Energie (Bewegungsenergie)

Konstanz steht zudem, wie erklärt, für Gleichbleiben und damit für Symmetrie. Da das Quantum beide Eigenschaftsräume in sich vereint und konstant (symmetrisch) konzentriert-klein, also lokal, ist, offenbart sich in ihm die gesamte Lokale Symmetrie Gleichung. Das Quantum ist damit auch das Gleichzeichen, welches immer als die Mitte von Einheit gesehen werden kann. Genau diese essentielle Einheit stellt das Quantum dar. Dies hat konkrete Folgen, die den Charakter der Quantenmechanik wesentlich mitbestimmen:

- Das kleine Quantum ist zunächst der Eigenschaftsraum #1, der für das Lokale, Kleine, Konkrete steht.
- Weil das Quantum aber auch das Gleichzeichen ist,
- befindet es sich schon im nächsten Moment im Eigenschaftsraum #2, welcher allgemein für

MEHR/UNENDLICHKEIT steht. Daher ist das Quantum dann auch sofort an mehreren Orten gleichzeitig und damit nicht-lokal.

- Da das Quantum die ganze Lokale Symmetrie Gleichung abbildet, ist es zunächst einmal ganz für sich allein Herr im Eigenschaftsraum #2. Solange also kein deutlich wahrnehmbares Umfeld, ein großes Mehr, eine Rolle spielt, bleibt das Quantum in seinem nicht-lokalen Zustand und befindet sich an unzähligen Orten gleichzeitig.

- Erst wenn ein deutliches Mehr eine Rolle spielt, z.B. ein großer Messapparat, dann ist dieses Mehr ein Signal für Zusammenaddieren in das Konkrete des Eigenschaftsraums #1. Mit anderen Worten, wird das Quantum durch den großen Messapparat gemessen, dann verlässt es den Eigenschaftsraum #2, in dem es an vielen Orten existierte, und ist dann so**gleich** im Eigenschaftsraum #1 konkret, lokal in einer Position dingfest zu machen. Es ist <u>addiert</u>. Dann sieht es auch so aus, als wäre das Partikel immer nur eine konkrete Bahn durch den Raum geflogen. Zuvor, als es sich noch im Eigenschaftsraum #2 befand, wusste man nur, dass es viele Bahnen gleichzeitig fliegt.

Die mathematische Beschaffenheit der Lokalen Symmetrie macht verständlich, warum sich ein kleines Teilchen so scheinbar merkwürdig verhält. Weiß man, dass alles auf Lokaler Symmetrie aufbaut, dann ist das Verhalten der Quanten logisch, und sogar noch faszinierender, wie ich finde.

- Der Wellencharakter des Teilchens kommt dadurch zustande, dass das Teilchen die gesamte Lokale Symmetrie Gleichung für sich ist. Diese beinhaltet auch immer einen Rückbezug, der durch Kreisläufe umgesetzt werden kann. Das Quantum kann man sich daher als rotierend vorstellen. Dadurch kommt es immer wieder zu sich selbst zurück. Da der Eigenschaftsraum #2 Unendlichkeit umfasst, dehnt sich dieses Rotieren im Kreis augenblicklich zu einer unendlich langen, rotierenden Struktur aus, die wie ein Korkenzieher aussieht. Diese sich drehende Korkenzieherkonfiguration ist dann die eine einzelne Welle, welche sich von Minus bis Plus Unendlich ausdehnt.

Ein symmetrisches (immer gleiches) kreisendes **Wellen**muster (die Wellenfunktion) um eine Achse, die sich über den gesamten Raum erstreckt.

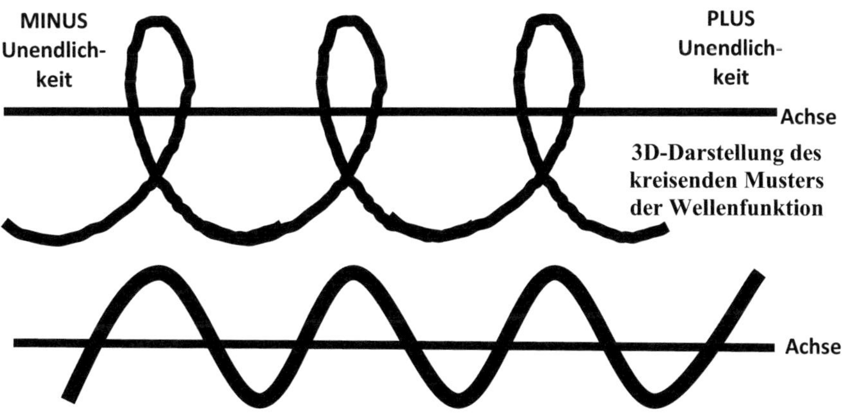

2D-Darstellung des kreisenden Musters der Wellenfunktion

Im Eigenschaftsraum #2, in dem es um MEHR geht, ist das Quantum nicht nur eine Welle, sondern unendlich viele einzelne Wellen. Diese bilden zusammen eine Gesamt<u>system</u>, eine Gesamtwelle, in der sich die meisten Alternativen gegenseitig auslöschen. Übrig bleibt dann ein überschaubares Wellenmuster, die Gesamtwelle, die nichts anderes sagt, als dass das Teilchen MEHR ist. Denn die höchsten Wellenberge und -täler zeigen, dass das Partikel dort mehr ist, als bei den niedrigeren Wellenbergen und -tälern.

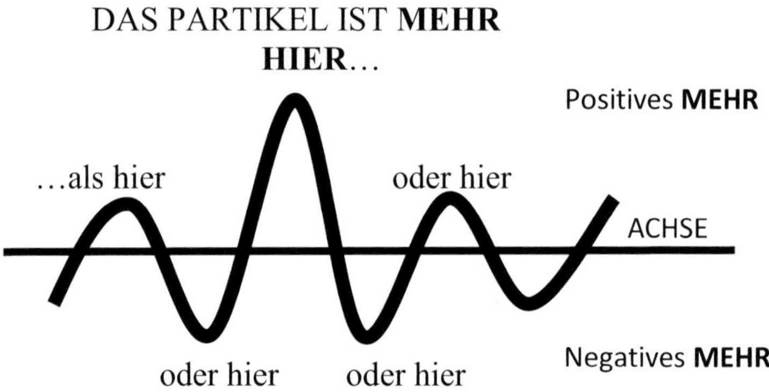

Ein Wellenpaket (ein Interferenzmuster in einer 2D-Präsentation) zeigt einfach den symmetrischen MEHR-TERM der Lokalen Symmetrie Gleichung.

Dies stellt keine Wahrscheinlichkeitsverteilung dar, denn die Welle geht auch durch negative Bereiche und es gibt keine negativen Wahrscheinlichkeiten. Daher zeigt die Gesamtwelle, welche sich in der Zeit ausbreiten kann, nur das an, was das allgemeine Thema im Eigenschaftsraum #2 ist: MEHR.

Erst wenn die Gesamtwelle ins Quadrat gesetzt wird, also mathematisch wieder mehr zum Eigenschaftsraum #1 zurückkehrt, kann das MEHR der Gesamtwelle als positive Wahrscheinlichkeiten erfasst werden, die sich alle zu 100%, oder Eins zusammenaddieren lassen. Dieses Zusammenaddieren zu einer Eins zeigt an, dass sich das System mathematisch in den Eigenschaftsraum #1 hineinbewegt, der für das Konkrete, für Einheit steht.

Ganz konkret kann es aber nur durch z.B. eine Messung mit einem großen Apparat werden, der dann das Wellensystem in Eigenschaftsraum #2 kollabieren lässt, so dass das Teilchen lokalisiert in Eigenschaftsraum #1 zu sehen ist. Weil Eigenschaftsraum #2 für MEHR steht, und dies auf der kleinen Ebene „mehr als konkrete Sicherheit" bedeutet, ist es also „Zufall", wo genau ein Teilchen dann gemessen wird und dadurch im Eigenschaftsraum #1 lokalisiert auftaucht.

DAS PARTIKEL BLEIBT PARTIKEL

Der Physiker Richard Feynman stellte fest, dass das Partikel im Eigenschaftsraum #2 nicht unbedingt als Gesamtwelle verstanden werden muss. Das Teilchen kann sich auch im Eigenschaftsraum #2 weiterhin als Partikel sehen, welches einfach unendlich viele Bahnen gleichzeitig fliegt. Jeder einzelnen Flugbahn wird dann ein MEHR-Term (eine so genannte Amplitude) zugeordnet. Diese Mehr-Terme für die einzelnen Flugbahnen erlauben es dann, wieder Wahrscheinlichkeiten für eine bestimmte Flugbahn zu ermitteln. Dies nennt man das Pfadintegral von Feynman. In dem Modell von Feynman fallen die meisten Pfade, die verrücktesten Bahnen, weg, da sie sich gegenseitig aufheben. Denn Feynman integrierte in seinen Ansatz, dass die Natur sich an optimalen Lösungen ausrichtet, so dass sich unnötig komplizierte Flugbahnen eliminieren lassen. Auch dieses Verhalten der Natur ergibt sich aus der Lokalen Symmetrie, da diese über ihre beiden Eigenschaftsräume die Ideen „klein" und „Energie" verbindet, also keine Energieverschwendung liebt. Anders als dies leider Menschen oftmals machen: Viel Energie, Talent, Geld, für unsinnige Projekte verschwenden, die dann zu den zahllosen Problemen führen, z.B. zu überdüngten, kaputten Böden.

„In der Quantenwelt ist es an der Tagesordnung, an mehreren Orten gleichzeitig zu sein."
Michio Kaku
(Physics of the Future, 2011, S.223; Übersetzung durch den Autor)

VERSCHRÄNKUNG:

Unterscheiden muss man dies von dem Phänomen der Verschränkung. Hier kommen zwei Teilchen **lokal** zusammen. Da jedes Quantum für sich, wie erläutert, Lokale Symmetrie darstellt, können die beiden Partikel sich schön harmonisch, gemäß der Gleichung **1 = 2** vereinen, verschränken. Da MEHR ein Teil dieses Einheitssystems ist, können die Teilchen, z.B. Photonen, weit voneinander wegfliegen, also MEHR manifestieren, und immer noch das verschränkte Einheitssystem, gemäß **1 = 2**, sein. Als Einheitssystem verbirgt dieses dann auch die Eigenschaften der beiden Teilchen. Erst wenn ein Photon konkret gemessen wird und einen Zustand (1) präsentiert, zeigt das zweite Teilchen sofort (schneller als mit Lichtgeschwindigkeit) vorhersehbar einen anderen Zustand (2). Die Gleichheit, das ausgedehnte Gleichzeichen, das die beiden weit voneinander getrennten Partikel in der Verschränkung vereint hielt, erlaubt es, dass beide Partikel **gleich**zeitig reagieren, also in dem Fall schneller als mit Lichtgeschwindigkeit.

RÜCKWÄRTS IN DER ZEIT:

Ein einzelnes Quantum ist, da es für sich die gesamte Lokale Symmetrie Gleichung darstellt, und diese Gleichung Bewegung vor- und zurück umfasst, nicht daran gebunden, sich nur vorwärts in der Zeit zu bewegen. Dies kommt auch daher, dass das Quantum sich vornehmlich in Eigenschaftsraum #2 aufhält, also Mehr ist. Es fehlt

dem Quantum dann das klare ADDIERT-SEIN aus Eigenschaftsraum
#1.

Addiert-Sein steht für Vergangenheit und bedeutet, dass sich
etwas vorwärts in der Zeit bewegt – aus Eigenschaftsraum #1
(Vergangenheit) in die offene Zukunft, Eigenschaftsraum #2. Dies ist
der Fall bei konkreten, zusammenaddierten Objekten, nicht aber
zwingend bei kleinen Quanten.

DIE WECHSELWIRKUNGEN AUF DER EBENE DER QUANTENMECHANIK:

Auch die Interaktionen der quantenmechanischen Ebene, welche sich
zeigen, sobald sich die Gravitation nach dem Big Bang manifestiert
hat, folgen dem Lokale Symmetrie Prinzip **1 = 2**.

- **EIGENSCHAFTSRAUM #1:** Die <u>starke Wechselwirkung</u>,
  welche kleinste Teilchen, die Quarks, immer zusammenhält,
  steht für den symmetrischen Eigenschaftsraum #1. Hier wird
  das **Addiert-Sein** umgesetzt.

- **DAS GLEICHZEICHEN:**
  Kurz nachdem sich die starke Wechselwirkung gezeigt hat,
  existierte eine zweigliedrige Einheit von schwacher
  Wechselwirkung und Elektromagnetismus: die Harmonie der
  <u>elektroschwachen Wechselwirkung</u>. Dies ist das
  Gleichzeichen, aus dem sich heraus die nächsten zwei Kräfte
  ergeben:

- **EIGENSCHAFTSRAUM #2:** Der symmetrische Eigenschaftsraum #2 mit seinen zwei essentiellen mathematischen Anweisungen bringt uns die anderen Wechselwirkungen:

  1. **DAS ADDITIONALE: das Kleine (1) wird mehr**

     o Die <u>schwache Wechselwirkung</u> ist ein Kind des mathematischen Konzepts des **Additionalen**. Auf kleinster Ebene Additionalität umsetzen, kann dann zum <u>Zerfall</u> (Mehr-Werden) von Teilchen führen.

     o Die Kombination von „klein" und Additionalität kann aber auch dazu führen, dass ein kleines Teilchen MEHR wird, also Masse bekommt. Das ist der <u>Higgs-Mechanismus</u>.

  2. **DAS ZUSAMMENADDIEREN: Das große Mehr (2) zeigt sich**

     o Der <u>Elektromagnetismus</u> offenbart sich als letzte Wechselwirkung. Nummer 2 steht im Verhältnis zu Nummer 1 (klein) für deutliches, also maximales Mehr. Der Elektromagnetismus setzt dieses maximale Mehr dadurch um, dass zwischen den beiden Feldern eine rechtwinklige Beziehung besteht. Die beiden Felder, das elektrische und das magnetische Feld, bedingen sich auch gegenseitig; es gibt eine lokal-symmetrische, wechselseitige Beeinflussung. Das heißt, sie **addieren** sich fortwährend aus der rechtwinkligen Mehrbeziehung **zusammen** in ein Wellenmuster. Die rechtwinklige Beziehung, das maximierte Mehr, zeigt sich dynamisch auch in der konstanten, maximalen (lokal-symmetrischen) Lichtgeschwindigkeit, welche sich aus der symmetrischen Beziehung der elektrischen und magnetischen Felder ergibt.

Damit entstehen alle Wechselwirkungen, Gravitation, starke, schwache Wechselwirkung und der Elektromagnetismus aus dem Prinzip der Lokalen Symmetrie.

<u>LICHTGESCHWINDIGKEIT UND RAUMZEIT:</u>
<u>Lokale Symmetrie als faszinierende Einheit</u>

LICHTGESCHWINDIGKEIT:

Die zweite, ganz wesentliche Umsetzung von Lokaler Symmetrie, neben dem Wirkungsquantum h, ist die konstante Lichtgeschwindigkeit c im leeren Raum (Vakuum). Diese ergibt sich zum einen aus der Tatsache, dass sich Bewegung in der Gleichung **1 = 2** immer im Bereich des Gleichzeichens zeigt. Gleichheit bedeutet Konstanz. Bewegung ist andererseits Energie, eine Idee des

Eigenschaftsraums #2, der für Mehr, für größer steht. Daher muss es eine lokal-symmetrische, also konstante Bewegung geben, die in Abgrenzung zum Eigenschaftsraum #1 (klein), eine große, konstante, also eine maximale Geschwindigkeit ist. Konstante Lichtgeschwindigkeit stellt somit wieder nicht nur die gesamte Lokale Symmetrie dar, sondern auch das Gleichzeichen. Damit ist sie neben dem Wirkungsquantum h, der zentralen Umsetzung von Lokaler Symmetrie auf der kleinen Ebene als Einzelding – Eigenschaftsraum #1 –, die zweite essentielle Manifestation von Lokaler Symmetrie im Bereich des Größeren, Eigenschaftsraum #2. Als Maximum und Gleichzeichen umschließt konstante Lichtgeschwindigkeit aber ebenso Eigenschaftsraum #1 – ist also auf **1 = 2** als ganzes System bezogen –, weswegen sich das Wirkungsquantum als Gesamtsystem auch an die konstante Lichtgeschwindigkeit halten muss. Dies führt dann, wie erläutert dazu, dass die Wechselwirkungen auf der quantenmechanischen Ebene, wiederum auf Lokaler Symmetrie aufbauen.

Die gesamt-systematische Wirkung der konstanten Lichtgeschwindigkeit bedingt dann auch, dass alle essentielle Phänomene des Kosmos – Raumzeit, Energie, Masse, Gravitation – als Einheit basierend auf Lokaler Symmetrie agieren.

RAUMZEIT:

Um die Raumzeit als rein mathematische Struktur-Dynamik besser verstehen zu können, empfiehlt es sich mit der geistigen Welt, welche wir in Kapitel 5 noch genauer besprechen werden, zu beginnen.

Repräsentiert wird die immaterielle, rein geistige Ebene durch das Gleichzeichen, das wir am Anfang von Kapitel 4 bereits näher untersuchten. Das Gleichzeichen mit seinen beiden Dimensionen – der absoluten Symmetrie (1) und der Bewegung, der unerschöpflichen Möglichkeiten (2) – stellt als spirituelle, ewige Sphäre eine höchste, symmetrische Einheit dar. Diese Einheit ist möglich, weil, wie gesagt, mathematisch beide Dimensionen gleich dargestellt werden können, nämlich als **1 = 2**.

Diese mathematische Einheit mit ihren unendlichen Möglichkeiten umfasst aber auch die Betonung der Unterschiede zwischen Dimension 1, der absoluten Symmetrie, und Dimension 2, dem Zusätzlichen, dem Mehr, der Bewegung.

Möchte man diesen Unterschied hervorheben, ohne dabei das primäre Gesetz der Lokalen Symmetrie zu verletzen, dann gibt es nur die Option, dass die obere Ebene der absoluten Symmetrie um 90 Grad gedreht wird, damit sich die beiden Achsen in einer rechtwinkligen Beziehung in einem **lokal-symmetrischen Vereinigungspunkt** schneiden. Dies ergibt ein zweidimensionales Koordinatensystem, welches maximal den scheinbaren Unterschied der beiden Ebenen herausstellen kann, ohne, dass die Grundeinheit und Symmetrie verloren geht.

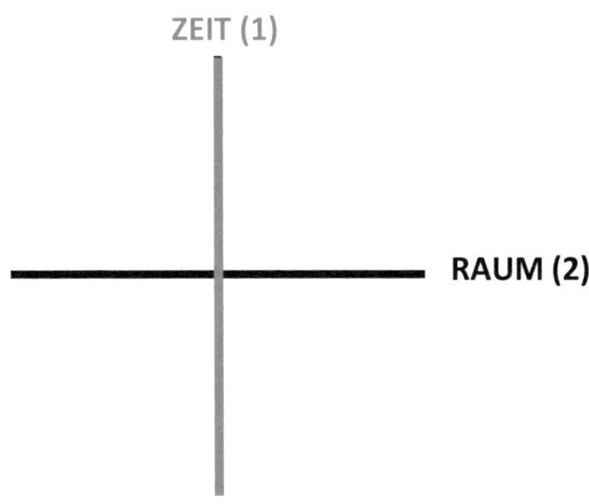

„Symmetrie bedeutet, dass es eine Unterscheidung ohne Unterschied gibt."
Frank Wilczek
(The Lightness of Being, 2010, S.58; Übersetzung durch den Autor)

DIE VERTIKALE ZEITACHSE (1): Das Ziel der dynamischen Erschaffung des Achsenkreuzes ist, zu verdeutlichen, dass die Dimension 2, welche für Bewegung steht, sich von der Dimension 1, der absoluten Symmetrie, unterscheidet. Dimension 1 gibt sich also der Bewegung der Dimension 2 hin. Daher ist Dimension 1 jetzt vertikal zur horizontalen Dimension 2 ausgerichtet.

Wie kann Dimension 1, die ursprünglich für absolute Symmetrie, Gleichheit und damit Ruhe stand, Teil der Bewegung von Dimension 2 werden?

Die Antwort ist ganz einfach: Die Bewegungsenergie aus Dimension 2, welche Dimension 1 in die Vertikale hievt, umfasst alle drei zentralen, mathematischen Begriffe der beiden Eigenschaftsräume: Eigenschaftsraum #1 (das Addierte) und #2 (das Additionale und das Zusammenaddieren).

- DAS ADDITIONALE: dies ist die Bewegung schlecht hin.

- DAS ZUSAMMENADDIEREN: diese Idee sorgt dafür, dass sich die Bewegung krümmt und sich damit die bewegte Dimension 1 in die Vertikale dreht.

- DAS ADDIERTE: hält die maximale Mehr-beziehung der beiden Dimensionen – die sich rechtwinklig in dem Punkt, der Lokale Symmetrie repräsentiert, schneiden – aufrecht.

Mithilfe von Kreisläufen kann dieses maximierte Mehr, die Bewegung von Dimension 1, in maximal symmetrischer Weise umgesetzt werden. Der Kreis ist nämlich die symmetrischste Form. Er kann unendlich oft gedreht werden, ohne dass eine Änderung der Form sichtbar wird.

Genau dies geschieht jetzt mathematisch in der vertikalen Dimension 1, welche höchst lokal-symmetrische Kreisläufe beinhaltet. Kreisläufe stellen Zyklen dar. Das ist die Zeit.

- Diese Zeit der reinen Kreisläufe ist eine Darstellung von Ewigkeit, es ist wie eine Art zweite Ewigkeitsmanifestation.

- Im Himmel, in der größten Einheit, sind Ruhe und Bewegung

vollkommen eins, so dass dies bedeutet, dass ewiglich Nichts geschieht. Dies ist die erste, höhere Ebene der Ewigkeit. Das höchst lokal-symmetrische Nichts.

- Jetzt, in der erschaffenen vertikalen Zeitachse in der Dimension 1, kann aufgrund der Symmetrie der Kreisbewegung nicht erkannt werden, dass sich etwas verändert hat. Es kann daher auch nicht festgelegt werden, ob die Zeit vorwärts oder rückwärts läuft. Zeit ist insgesamt nicht erkennbar.

Auf diese beiden Zustände der Ewigkeit verweist auch der Physiker, Gerd Ganteför, in seinem Buch, wenn er schreibt:

„In einer zeitlosen Ewigkeit geschieht entweder gar nichts oder etwas wiederholt sich immerzu."
Gerd Ganteför
(Das rätselhafte Gewebe unserer Wirklichkeit und die Grenzen der Zeit, 2023, S. 42)

Eine genauere Analyse der Lokalen Symmetrie zeigt zudem auf, warum Zeit nur **eine Dimension** ist und daher eigentlich keine Kreisläufe, bzw. Zeitzyklen beinhalten kann, denn der höchst symmetrische Kreis, der Zeitzyklen abbildet, benötigt zwei Dimensionen.

Die vertikale Achse repräsentiert, wie wir wissen, absolute Symmetrie. Der Mathematiker Henri Poincaré machte deutlich, dass Mathematik immer *Gleiches mit Gleichem* verbindet. Genau dies macht die absolute Symmetrie: Eine EINHEIT (1) ist gleich der nächsten EINHEIT (1). Das Gleichzeichen steht ebenso für Einheit und zwar des Ganzen.

$$①=①$$

Die Bewegung aus der zweiten Ebene, der MEHR-Ebene, bringt dann ein Aufzählen von folgender EINHEIT hervor:

$$1=1=1=1=1=1=1=1\ldots$$

Die ewige Einheits-Zeit

„Deshalb beschloss er, ein bewegtes Bild der Ewigkeit zu haben, und als er den Himmel in Ordnung brachte, machte er dieses Bild ewig, aber sich entsprechend der Zahl bewegend, während die Ewigkeit selbst in der Einheit ruht; und dieses Bild nennen wir Zeit."
Plato
(Timaeus, translated by Benjamin Jowett, S.23; Übersetzung durch den Autor)

Dies ist die EINDIMENSIONALE ZEIT, die vertikale Achse. In ihr wird mittels des Gleichzeichens fortwährend 1=1=1 usw. wiederholt. Die vertikale Zeitachse sagt also ständig: EINHEIT=EINHEIT= EINHEIT, oder NICHTS=NICHTS=NICHTS, bzw. EWIGKEIT= EWIGKEIT=EWIGKEIT. Denn Einheit kennt keine Unterschiede und stellt somit auf tiefster Ebene das ewige Nichts dar, so wie es Plato beschrieb.

Die vertikale Zeitachse repräsentiert damit also Ewigkeit als nicht erkennbare Zeit, welche daher, so formulierte es bereits Einstein, auf tiefster Ebene eine rein mathematisch generierte Illusion ist.

„Menschen wie wir, die an die Physik glauben, wissen, dass die Unterscheidung zwischen Vergangenheit, Gegenwart und Zukunft nur eine hartnäckige Illusion ist."
Albert Einstein
(Einstein to the family of Michele Besso, 1955; Übersetzung durch den Autor)

Woher kommt die **Taktung** des Aufzählens? Durch das Achsenkreuz wurde maximal MEHR manifestiert. Dies beinhaltet auch eine maximale, also konstante Geschwindigkeit: die konstante Lichtgeschwindigkeit c, welche sowohl für die Zeit- als auch die Raumachse gilt und damit diese beiden Achsen lokal-symmetrisch fixiert (ADDIERT). Diese maximale lokal-symmetrische (konstante) Lichtgeschwindigkeit legt damit auch fest, dass das Zählen in der vertikalen Zeitachse und in der horizontalen Raumachse in einem konstanten Verhältnis steht. Einmal nennen wir das Zählen Zeit, ein andermal Distanz (Raum).

DIE HORIZONTALE RAUMACHSE (2): Dimension 2 hat das Zepter in der Hand. Es geht, wie erläutert, um die deutliche Umsetzung der Kernmerkmale der zweiten MEHR-Ebene: Bewegung, und damit Größer-Werden, Vorwärts-Streben und Interagieren. Es geht um die maximal erkennbare Herausstellung des MEHRS, des Mehr-Seins der Dimension 2.

Ein erster Schritt war die Erschaffung des rechtwinkligen Koordinatensystems. Im Gegensatz zur ewigen, vertikalen Zeitachse (1) kann die horizontale Achse jetzt für erkennbare Vorwärtsbewegung, für Mehr, für Entwicklung ihrer Potentiale stehen. Somit stellt die horizontale Dimension die Raumachse (2) dar: die Möglichkeit, etwas entwickeln und wachsen zu lassen.

Die Idee des sich Entwickelns führt uns direkt zu dem lokal-symmetrischen Schnitt- und Vereinigungspunkt im Koordinatensystem. Dieser Punkt ist die Lokale Symmetrie Einheit, der **notwendige kleine Beginn (1)** für die räumliche Ausdifferenzierung (2). Physikalisch gesprochen ist dies der Moment des Big Bangs.

Alles konzentriert sich letztlich auf den lokal-symmetrischen Schnittpunkt der beiden Achsen hin. Das heißt, alle Phänomene, welche sich in dem rechtwinkligen Achsenkreuz andeuteten, gehen als Information in diesen lokal-symmetrischen Ur-Beginn-Punkt. Zu den Phänomenen gehören natürlich:

- Die Zeit (1=1=1=1=1=1…)

- Der Raum (1, 2, 3, 4, 5, 6, …)
- Die Gravitation, das Zusammenaddieren, als dominante Regel für die große Ebene
- Die Quantenmechanik, das unscharfe Mehr auf der kleinen Ebene
- Die konstante Lichtgeschwindigkeit c. Sie ist eine Konsequenz des maximierten Mehrs, der rechtwinkligen Beziehung von Zeit und Raum. Das maximale Mehr ist auch Geschwindigkeit, die konstante (maximale) Lichtgeschwindigkeit, welche für beide Dimensionen, Zeit- und Raumdimension, gilt und diese lokal-symmetrisch fixiert.
- Energie, Bewegung
- Masse, als die Idee der Verdichtung

DIE DREI-DIMENSIONALITÄT DES RAUMES:

Ein weiterer Aspekt wird deutlich, der begreifbar macht, warum der Raum letztlich dreidimensional ist: Der Ebene 2, der Bewegungs- und damit Raumdimension, geht es um die maximale Darstellung ihres Mehrs.

- Die Zahl 2 kann, wie wir wissen, eine zweite, einzelne Einheit, also eine zweite Dimension sein.
- Gleichzeitig kann die Zahl 2 aber auch für insgesamt zwei Einheiten (1 und 2) stehen, was daherkommt, dass in der

Gleichung **1** = **2**, Nummer 2 die Ziffer ist, welche sich rückbezieht zum Anfang, der 1. Unter diesem Gesichtspunkt steht die Zahl 2 für 1, 2, Einheiten oder Dimensionen.

- Die Raumdimension, die **zweite** Achse, kann sich also nicht nur als eine Achse begreifen, sondern als **zwei Achsen**. Dies bedeutet, dass zu dem zweidimensionalen Achsenkreuz eine dritte Dimension, eine weitere Raumdimension, in einem rechtwinkligen Verhältnis, um maximal Mehr zu sein, hinzugefügt wird.

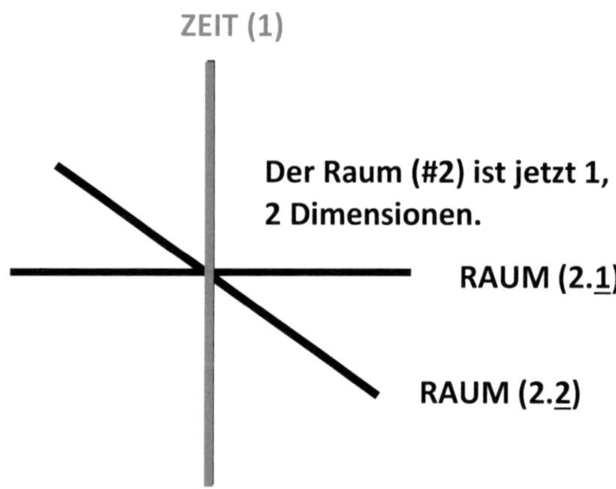

Es kommt aber noch ein weiterer mathematischer Gesichtspunkt hinzu. Der Rückbezug der Zahl 2 in der Lokalen Symmetrie Gleichung **1 = 2** beinhaltet das **Zusammenaddieren**. Dies ergibt dann **1 + 2 = 3**. Das heißt, die dynamische Dimension 2 kann, da sich die Zahl 2 immer auf den Anfang zurückbezieht – also ZUSAMMENADDIERT – argumentieren, dass die drei Dimensionen ausschließlich **drei Raumdimensionen** mit einer festen, also **addierten** Einheits-Konfiguration sind.

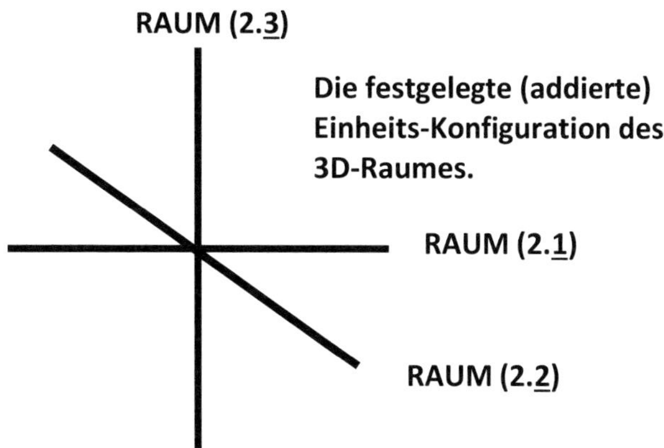

Damit, durch das Zusammenaddieren 1 + 2 = 3, wurde eine dreidimensionale Raumeinheit, die maximal Mehr mittels der rechten Winkel beinhaltet, erschaffen. Eine Einheit ist ein Merkmal von Eigenschaftsraum #1.

Da das Zusammenaddieren der Rückbezug zur Zahl 1 in der Lokalen Symmetrie Gleichung **1 = 2** ist, kommt man mathematisch wieder auf den Einheitspunkt, den Moment des Big Bangs.

Weil es um die Darstellung von Bewegung geht, kann dieser dreidimensionale Raum, der ganz in dem Einheitspunkt als Idee eingebettet ist, aus dem Eigenschaftsraum #1, der kleinen Konzentration, dem Big-Bang-Pünktchen, in den Eigenschaftsraum #2 hineinexplodieren, also in die Ausdehnung emanieren – zusammen mit all den anderen, oben aufgelisteten Kernphänomenen. Dies setzt die kosmische Evolution, die Ausdifferenzierung des unerschöpflichen Kreativpotentials der Dimension 2 in Gang.

4-DIMENSIONALE RAUMZEIT: Mit dem Big Bang entwickelt sich der 3D-Raum, die Bewegungsdimension 2. In dem lokal-symmetrischen Einheitspunkt war aber, wie wir wissen, nicht nur die Idee des 3D-Raumes codiert, sondern auch das Schema der ewigen Zeit, die mittels des Aufzählens von 1=1=1=1… die senkrechte, eindimensionale Zeitdimension 1 ist.

Da der 3D-Raum eine Einheit ist, die sich jetzt ganz in ihrem Terrain, dem dynamischen Eigenschaftsraum #2 ausbreitet, ist die senkrechte Zeitachse der Einheits-und-Nichts-Ewigkeit, die 1D-Zeitdimension, durch die alles in Besitz nehmende 3D-Raumeinheit unsichtbar gemacht worden.

Mathematisch existiert die 1D-Zeitachse weiter und zwar in einer rechtwinkligen Beziehung zum Raum, so dass der Kosmos eine 4D-Raumzeit-Einheit ist.

Sehen können wir Menschen, wie gesagt, nur den 3D-Raum. Aber, dadurch, dass sich der Raum in einer **Vorwärtsbewegung** aus dem Ur-Punkt heraus ausdehnt und sich dadurch die Energie in immer weiteren Strukturen ausdifferenzieren kann – es geht ja gerade darum soweit wie möglich, Unterschiede konkret werden zu lassen –, können durch die auftretenden Veränderungen plötzlich die höchst symmetrischen Zeitkreisläufe, die zyklische Zeit, wahrgenommen werden. Die Kreisläufe werden in der Raumentwicklung möglich, weil ein Rückbezug zum Anfang (1) jetzt gegeben ist.

VORWÄRTSBEWEGUNG DES RAUMES: MEHR ZEIGT SICH

Raumausdehnung  **MEHR**

KLEINER ANFANG: Big Bang

1 = 2

Entwicklung ins Große, Ausdifferenzierung: Dies ermöglicht die Wahrnehmung der verborgenen ZEIT-EINHEITEN **als nun konkret vorwärts zählende Zeitzyklen.**

Zeit, Ewigkeit, NICHTS, wird als Vorwärts-Zeit-Zyklen wahrnehmbar

Die Ausdehnung des Raumes bringt den **Vorwärtspfeil des Raumes** (und als Illusion den Zeitpfeil) mit sich, der für das Erkennen der unsichtbaren, verborgenen Zeiteinheiten notwendig ist. Das bisher unsichtbare Zählen, welches die vertikale Ewigkeits-und-Nichts-Zeitachse darstellt, wird nun mithilfe des Vorwärtspfeils der räumlichen Entwicklung greifbar, sinnlich wahrnehmbar, messbar. Denn durch den konkreten Anfangspunkt und die räumliche Ausdehnung und Ausdifferenzierung mittels vieler lokal-symmetrischer Teilchen, gibt es jetzt

- ein fixierbares Vorher (1)
- und Nachher (2).

Es gibt ferner

- eine konkrete Vergangenheit (1, das konkret Addierte)

- und eine offene Zukunft (2, Unendlichkeit, Offenheit).

- Die Gegenwart, die eigentliche Einheits-Realität, ist natürlich immer die Ewigkeit, denn alles baut auf immateriellem Bewusstsein, der rein mathematischen Lokale Symmetrie Gleichung **1 = 2** auf.

„Nach dem Standardmodell der Kosmologie begann die Zeit mit dem Urknall. Vorher gab es buchstäblich nichts. Diese Episode dauerte eine Ewigkeit, denn jeder Zeitpunkt war mit jedem andern identisch. Alle Momentaufnahmen eines leeren Vorläufer-Universums sahen genau gleich aus (…) Diese Argumentation basiert auf einer Definition der Zeit als eine Abfolge von messbaren Veränderungen (…) Die Abwesenheit von Veränderung ist die Ewigkeit."
Gerd Ganteför
(Das rätselhafte Gewebe unserer Wirklichkeit und die Grenzen der Zeit, 2023, S. 41)

Das tiefere Verstehen von Lokaler Symmetrie mittels der Raumzeit verdeutlicht nochmals sehr plastisch und greifbar, dass der Kosmos eine mathematische Animation von Lokaler Symmetrie, des ewigen Bewusstseins, ist.

Ein Fehler im Bewusstsein der Menschen ist es, Zeit nicht als die Einheits-Ewigkeit von 1=1=1=1… zu verstehen, sondern Zeit als ein Vorwärtszählen ins Größere, 1, 2, 3, 4, …, zu begreifen. Oberflächlich mag dies praktisch sein, da Zeit und Raum – der ins

Größere zählt, 1, 2, 3, 4…– eins sind. Aber diese Sichtweise der Zeit versperrt den Blick auf die tieferliegende lokal-symmetrische Bewusstseinsrealität und blockiert damit ein holistisches Verständnis des Kosmos und der Natur.

WEITERE WICHTIGE ASPEKTE ZUR RAUMZEIT:

Lassen Sie uns die Raumzeit nochmals etwas anders beleuchten, um zu weiteren wichtigen Einsichten zu kommen.

FORMBARE RAUMZEIT: Da der Raum sich zusammen mit der Zeit als 4D-Raumzeit in Eigenschaftsraum #2 manifestiert und dieser Eigenschaftsraum allgemein gesagt für Mehr und Bewegtheit steht, ist die Raumzeit formbar. Denn Mehr kann z.B. zusammenaddiert werden, wie durch die Gravitation. Dadurch kann die Raumzeit angepasst werden, um sicherzustellen, dass jeder Beobachter stets die gleichen Messmöglichkeiten hat. Dies garantiert, wie beschrieben, dass die Lichtgeschwindigkeit als konstant (symmetrisch) gemessen werden kann und alle anderen dynamischen Naturgesetze ebenso als lokal symmetrisch.

DIE BEDEUTUNG DES LOKALEN IN DER RAUMZEIT:

„Das Äquivalenzprinzip, ein Prinzip der lokalen Symmetrie – die Invarianz der Naturgesetze unter lokalen Änderungen der Raum-Zeit-

Koordinaten – diktierte die Dynamik der Schwerkraft, der Raumzeit
selbst."
David Gross
(The role of symmetry in fundamental physics, December 10, 1996.
93 (25), S. 14256-14259; Übersetzung durch den Autor)

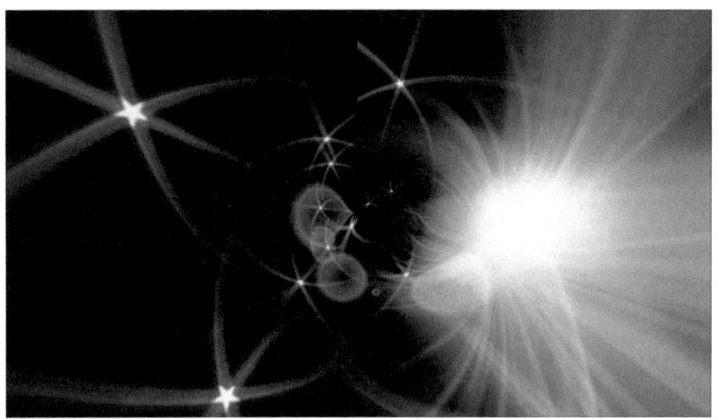

Die enorme Bedeutung des Aspekts der Lokalität wird verständlich,
wenn man sich vor Augen führt, dass die Raumzeit durch Gravitation
gekrümmt werden kann. Eine Krümmung verzerrt z.B. eine gerade
Strecke und damit die Maßeinheiten darauf. Lokal aber ist eine
gekrümmte Strecke auf einem kleinen (lokalen) Abschnitt immer
noch eine Gerade. Daher kann dann, selbst in einem stark
gekrümmten Raumzeitszenario, lokal gemessen werden, dass die
Lichtgeschwindigkeit im leeren Raum konstant ist.

Die Raumzeitkrümmung in unserem Sonnensystem ist nicht
besonders stark, trotz der Sonne und ihrer Planenten, so dass der
Begriff „lokal" hier ein relativ großes Areal abdeckt.

Ferner ergibt sich Folgendes: Da sich alles aus dem lokal-symmetrischen Punkt herausentwickelte, hat seit dem Urknall die Wärme (erzeugt durch die Hintergrundstrahlung) überall, an jedem Raumpunkt, gleich nachgelassen. Dies bedeutet, dass für all diese Raumpunkte seit dem Big Bang die gleiche (symmetrische) Zeit, aufgrund der symmetrischen Veränderung an jedem Raumpunkt, vergangen ist. Somit kann, aufgrund der Lokalen Symmetrie, mit Blick auf das ganze Universum von einer Zeit (1=1=1=1…) gesprochen und ein Alter des Kosmos bestimmt werden.

„Die aktuelle Theorie besagt, dass das Universum in seinen frühesten Momenten eine Reihe dieser Transformationen durchgemacht hat und alles, was uns jemals begegnet ist, ein greifbares Überbleibsel einer früheren, symmetrischeren kosmischen Epoche ist. Aber es gibt einen noch umfassenderen Sinn, einen Metasinn, in dem Symmetrie den Kern eines sich entwickelnden Kosmos bildet. Die Zeit selbst ist eng mit der Symmetrie verbunden (…) Zeit als Maß für Veränderung, sowie der bloßen Existenz einer Art kosmischer Zeit, die es uns ermöglicht, vernünftig über Dinge wie „das Alter und die Entwicklung des Universums als Ganzes“ zu sprechen, setzen sensibel auf Aspekte der Symmetrie. Und als Wissenschaftler diese Evolution untersuchten und auf der Suche nach der wahren Natur von Raum und Zeit auf die Anfänge zurückblickten, hat sich die Symmetrie als der sicherste Wegweiser erwiesen, der Einsichten und Antworten liefert, die sonst völlig unerreichbar gewesen wären.“
Brian Greene
(The Fabric of the Cosmos, 2004, S. 220; Übersetzung durch den Autor)

<u>DIE MATHEMATISCH EINFACHE SYMMETRIE VON RAUM UND ZEIT:</u> Die Raumzeit ist, wie erläutert, vierdimensional, da der 3D-Raum und die 1D-Zeit beide Aspekte der Lokalen Symmetrie Gleichung **1 = 2** sind. Dass Raum und Zeit identisch sind, also symmetrische RAUMZEIT darstellen, zeigt sich auch an der Übereinstimmung von Zählen und Addieren mit den Basiszahlen der Lokalen Symmetrie Gleichung **1 = 2**: 1, 2, 3 ist gleich 1 + 2 = 3.

Da die konstante Lichtgeschwindigkeit Raum und Zeit lokal-symmetrisch in eine fixierte Beziehung bringt, zeigt sich auch hier die Einheit von Raum und Zeit. **Denn Raum kann mathematisch, Dank c, als Zeit, und Zeit als räumliche Distanz ausgedrückt werden.**

<u>RAUM, ZEIT UND EIGENSCHAFTSRAUM #2:</u> Raum und Zeit haben zueinander eine rechtwinklige Beziehung, denn diese Phänomene sind von den beiden scheinbar unterschiedlichen Aspekten des Eigenschaftsraums #2 unterlegt, und Unterschiede können sich sehr gut mit einer rechtwinkligen Beziehung mathematisch dingfest machen lassen.

- Die Zeit, was ihre Existenz anbelangt, basiert primär auf dem Prinzip des ADDITIONALEN (Mehr), das unendliches Zählen ermöglicht (1=1=1=1…)
- Der Raum, wie wir gesehen haben, basiert im Kern, was seine Genesis betrifft, auf dem ZUSAMMENADDIEREN von Mehr.

Auch wenn wir die vierte Dimension der Zeit im dreidimensionalen Raum nicht sehen können, die rechtwinklige Beziehung von Raum und Zeit wird für den Menschen sichtbar, wenn er sich zweidimensional eine vertikale Zeitachse (1) und eine horizontale Raumdistanzachse (2) als rudimentäreres Koordinatensystem aufzeichnet, um damit zu arbeiten.

EIN WICHTIGER UNTERSCHIED ZUR GEISTIGENE EBENE: Hier wird ein klarer Unterschied zwischen der materiellen Realität, dem materiellen Kosmos, und der geistigen Welt sichtbar:

- Die dynamische, sich entwickelnde Raumzeit ist etwas, das nur in der materiellen Welt vorkommt. Denn für die Erschaffung der uns bekannten Raumzeit musste die Dimension 1, die absolute Symmetrie, in die vertikale Position gedreht werden, damit sie sich mit der horizontalen Dimension 2, der Bewegungsebene, im lokal-symmetrischen Einheitspunkt schneidet. Auf der materiellen Ebene herrscht das rechtwinklige Beziehungsmuster und damit das Konkret-Punktuell-Materielle vor. Dies wurde mathematisch-geistig erstellt. Die materielle Welt kann als **sich entwickelnde Harmonie (Lokale Symmetrie)** bezeichnet werden.

- Auf der geistigen, immateriellen Ebene regiert das Gleichzeichen in maximaler Einheitsharmonie. Diese ist ewig, denn die tiefe Einheit von Ruhe und Bewegung legt fest, dass Nichts passiert.

Dies ist die **ewige Harmonie (Lokale Symmetrie).**

Was uns dies sehr deutlich vor Augen führt, ist: Vor dem Ereignis des Big Bangs wurde im kosmischen Bewusstsein eine Art Plan, ein rein mathematisches, maximal abstraktes Model des Kosmos entwickelt: das Koordinatenkreuz, das Plus-Zeichen, welches, wie erwähnt, die gesamte Lokale Symmetrie Systematik – inklusive aller Naturphänomene – beinhaltet. Aus dieser mathematisch-geometrischen Konfiguration ergab sich, dass ein dichter, energiegeladener, lokal-symmetrischer Punkt, der alle Informationen in der Lokalen Symmetrie vereinte, den Anfang des materiellen Kosmos darstellt.

Auf dieser einfachen Urinformation des reinen Bewusstseins entwickelte sich dann unser faszinierendes Universum.

„Die Geschichte ist (…) eine Verschiebung hin zum Verständnis, wie Dinge funktionieren, indem von einfachen Dingen ausgehend nach oben aufgebaut wird.“
John Gribbin
(Deep Simplicity, 2004, S. xviii; Übersetzung durch den Autor)

„Selbstorganisation durchdringt das Universum so vollständig, dass die meisten von uns es nicht einmal bemerken (…) Selbstorganisation ist die Art und Weise, wie Sterne und Sonnensysteme entstehen, wie die Erde entstanden ist…“
Andreas Wagner
(Arrival of the Fittest, 2015, S.57; Übersetzung durch den Autor)

THERMODYNAMIK:

Die ersten beiden Gesetze der Thermodynamik spiegeln **1 = 2** ebenso schön wider:

- 1. DER ERHALT DER ENERGIE: In einem isolierten System bleibt die Energie erhalten. Lokale Symmetrie sagt, dass EINHEIT (1) = ENERGIE (2) ist. Das Universum ist ein solches isoliertes System, eine Einheit. Der Energiegesamtgehalt ist immer gleich, symmetrisch, nämlich faktisch Null. Denn die positive Energie, die in den Kosmos strömt, wird von der negativen Energie der Gravitation ausbalanciert.

- 2. DIE ZUNAHME DER ENTROPIE: Unter Entropie versteht man so etwas wie die Zunahme des „Chaos", bzw., dass ein Beobachter immer weniger genau wissen kann, was los ist. Lokale Symmetrie zeigt dies an, denn EINHEIT (1) = MEHR (2). Mehr heißt Ausdehnung, es zeigt sich immer mehr. Der Kosmos entwickelt sich vorwärts in die wahrscheinlichste Konfiguration.

„Ich kam zu der Überzeugung, dass nur die Entdeckung eines universellen, formalen Prinzips zu gesicherten Ergebnissen führen kann. Das Beispiel, das ich vor mir sah, war die Thermodynamik."
Albert Einstein
(Autobiographical Notes, S.53, 1949; Übersetzung durch den Autor)

E=MC²,

DIE BERÜHMTESTE GLEICHUNG DER WELT

Wir wissen bereits, dass jede mathematische Gleichung Ausdruck für Lokale Symmetrie ist. Lokale Symmetrie **1 = 2** ist die Mutter aller Gleichungen und alles baut auf dieser mathematischen Ur-Idee, der Ur-Information auf.

Einstein selbst hat uns erklärt:

- Das System eines **ruhenden Körpers mit der Ruhemasse m**, ein sogenanntes Trägheits- oder Inertialsystem,

  ist gleich

- dem sich konstant, geradeaus bewegenden Licht im leeren Raum, also der konstanten **Lichtgeschwindigkeit c**.

Ein sich in Ruhe befindlicher Körper ist ein Ausdruck von Lokaler Symmetrie, denn dessen Zustand ändert sich lokal ohne äußeren Einfluss nicht, bleibt also gleich, symmetrisch. Dies nennt man Trägheit, bzw. ein Inertialsystem, und die Masse m eben Trägheitsmasse.

Einstein hat uns ebenso aufgezeigt, dass, da wir für Raum und Zeit insgesamt eine maximale, lokal-symmetrische Geschwindigkeit haben, die konstante Lichtgeschwindigkeit c auch Bedeutung für ruhende Körper hat. Da sich der ruhende Körper nämlich nicht durch den Raum bewegt – und daher nicht für die Bewegung durch den Raum auf einen Teil der Lichtgeschwindigkeit angewiesen ist –, düst er mit der ganzen, maximalen Lichtgeschwindigkeit durch die Zeitdimension.

Der ruhende Körper ist natürlich eine Idee aus dem Eigenschaftsraum #1, der für ADDIERT steht, also für Nicht-Bewegen.

Das Licht, welches mit c, also konstant (ADDIERT), durch den leeren Raum düst, ist aufgrund der Bewegtheit eine Manifestation aus Eigenschaftsraum #2.

<u>Wir können also dank Einsteins Erkenntnissen sagen:</u>

1. Der ruhende (lokal-symmetrische) Körper mit Trägheitsmasse m, der mit Lichtgeschwindigkeit c durch die Zeitdimension rast
IST GLEICH
2. der ganzen (lokal-symmetrischen) Lichtgeschwindigkeit c durch den Raum

Vereinfacht ausgedrückt:
m mit c durch Zeit (1) = c durch Raum (2)

Die Einheitsgleichung **1 = 2** sagt uns ferner immer wieder, dass der erste Aspekt im Eigenschaftsraum #1 – sei es das Quantum oder der dreidimensionale Raum – hinüber in den Eigenschaftsraum #2 rutscht. Lassen wir also die Ruhemasse (Trägheitsmasse) m, die mit c durch die Zeitdimension rast, sich mittels des Gleichzeichens in den Eigenschaftsraum #2 beamen. Dann vereinen sich

- Ruhemasse m mit c durch die Zeit
- mit c durch den Raum.

Wir wissen, dass Zeit und Raum eine rechtwinklige Beziehung haben. Das heißt die beiden Lichtgeschwindigkeiten kommen in einer rechtwinkligen Verbindung zusammen. Mathematisch nennt man dies „ins Quadrat setzen". Dies ergibt dann **mc²**.

Der Term **mc²** ereignet sich in Eigenschaftsraum #2, der für Energie, Bewegung, schlicht Bewegungsenergie (kinetische Energie) steht. Energie wird als Einheitsbegriff mit **E** abgekürzt. Als Einheitsbegriff taucht E im Eigenschaftsraum #1, der für EINHEIT steht, auf. Damit erhalten wir:

$$E \textit{ (Eigenschaftsraum \#1)} = mc^2 \textit{ (Eigenschaftsraum \#2)}$$

Ganz einfach:

$$E = mc^2$$

Dies macht deutlich, dass Energie und Masse in der Tat das Gleiche sind, Konzepte der Lokalen Symmetrie und ihrer beiden Eigenschaftsräume. Dass das so ist, garantiert c², der Proportionalitätsfaktor, der lokale Symmetriefaktor. Die Beziehung zwischen Energie und Masse ist symmetrisch.

„Aus der Relativitätstheorie folgt, dass Masse und Energie beide unterschiedliche Erscheinungsformen derselben Sache sind."
Albert Einstein
(Nova's Einstein biography on PBS television, 1979; zitiert in: The Ultimate Quotable Einstein, von Alice Calaprice, 2011, S.409; Übersetzugn durch den Autor)

Wir sehen also: auch die berühmteste aller Formeln, $E=mc^2$, setzt ganz wunderbar Lokale Symmetrie um.

E=HF: DIE ENERGIEFORMEL AUF DER QUANTENMECHANISCHEN EBENE

Auch die Energieformel, $E=hf$, auf der quantenmechanischen Ebene baut auf der Ur-Formel **1 = 2** auf.

Das Wirkungsquantum h als konstante, kleinste Energieeinheit, ist, wie wir bereits erkannten, ein Ausdruck von Lokaler Symmetrie.

Als kleinste, konstante Einheit ist das Quantum h ein Bestandteil des Eigenschaftsraums #1.

Da das Quantum h auch das Gleichzeichen darstellt, findet

sich h automatisch in Eigenschaftsraum #2 wieder, wo das Konzept von Energie, Kreisläufen und Zählen beheimatet ist. Wieviel Energie ein Quantum hat, zeigt sich dann an der schnelle der Kreisläufe, die das Quantum durchläuft. Es wird gezählt, wie viele Kreisläufe pro Zeiteinheit auftreten. Das ist das Zählen. In der Physik wird dies Frequenz f genannt.

Das Wirkungsquantum h trifft also im Eigenschaftsraum #2 auf jene Frequenz f, und dies ergibt: **hf**

Ausgedrückt als Energieeinheit **E**, die im Eigenschaftsraum #1 platziert ist, erhalten wir folgende Formel:

$$E \text{ } (\underline{\textit{Eigenschaftsraum \#1}}) = hf \text{ } (\underline{\textit{Eigenschaftsraum \#2}})$$

Ganz einfach:

$$\mathbf{E{=}hf}$$

Beide Energieformel, **E=mc²** und **E=hf**, manifestieren sich gemäß der Logik des mathematischen Ur-prinzips der Lokalen Symmetrie, **1 = 2.**

Da das Wirkungsquantum h aus dem Eigenschaftsraum #1, der für Einheit steht, kommt, gibt es auch nur ganzheitliche Vielfache von h, also 1h, 2h, 3h, aber niemals z.B. 1/2h oder 2/3h.

DIE ZWEI ESSENTIELLEN PARTIKELTYPEN:

Im Kosmos gibt es zwei wesentliche Teilchenklassen, welche die Lokale Symmetrie Gleichung **1 = 2** widerspiegeln: Die Bosonen (1) und die Fermionen (2). Die tiefe Einheit der Partikel zeigt sich dadurch, dass diese gar nicht wirklich voneinander getrennt werden können. Ein Beispiel dafür sind die Elektronen (welche Fermionen sind), welche untrennbar mit Photonen (die Bosonen sind) zusammenhängen, so dass Physiker hier von einer symmetrischen Einheit sprechen.

DIE BOSONEN: Eigenschaftsraum #1

Die Bosonen sind die Vermittler der Wechselwirkungen und können sich an einem Platz zusammenfinden. Photonen, die Quanten des Elektromagnetismus, können sich vereint als starkes Laserlicht präsentieren. Einheit ist ein Merkmal aus dem **Eigenschaftsraum #1**.

DIE FERMIONEN: Eigenschaftsraum #2

Die Fermionen sind jene Teilchen, die die <u>sichtbare Materie</u> manifestieren. Anders als die Bosonen können Fermionen, wie z.B. Elektronen, sich grundsätzlich einen energetisch gleichen Platz nicht teilen, wie der Physiker Wolfgang Pauli mit seinem Ausschlussprinzip feststellte. Diese Partikel wollen immer **MEHR** sein, also strukturelle Unterschiede herausstellen. Der MEHR-Charakter macht deutlich, dass Fermionen in Eigenschaftsraum #2 angesiedelt sind. Eigenschaftsraum #2 hat zwei mathematische Anweisungen: das ADDITIONALE (das MEHR) und das ZUSAMMENADDIEREN. Genau diese Anweisungen, die sich aus der Lokalen Symmetrie Gleichung ergeben, werden innerhalb der Fermionen, der MEHR-Partikel, umgesetzt und so erhalten wir ein strukturiertes, ganzheitliches System: das Atom, das für sein Zusammenkommen auch Bosonen, also Wechselwirkungs-Teilchen aus Eigenschaftsraum #1 mit einbezieht. Damit ist das Atom eine Umsetzung der mathematischen Struktur von **1 = 2** und damit ein Abbild Lokaler Symmetrie. Im Zentrum haben wir daher einen kleinen, positiv geladenen Kern (#1, Innen) und darum herum eine negative Elektronenwolke (#2, Außen). Die Entwicklungsrichtung von 1 nach 2, die der Lokalen Symmetrie Gleichung **1 = 2** inhärent ist, wird damit auch umgesetzt,

Die besondere selbstbewusste Kreativität der Fermionen-Partikel:

Beim Erschaffen der konkreten, sichtbaren Materie kommt eine Besonderheit vor, die erwähnt gehört. Ohne zu sehr ins Detail zu gehen, ist es höchst bemerkenswert, dass die vier wesentlichen, involvierten Fermionen-Partikel, die MEHR-Partikel, einen Wechsel der Eigenschaftsräume #1 und #2 vollführen. Die vier Fermionen-

Partikel sind die zwei *leichten Leptonen* (Elektron und Neutrino) und die zwei *schweren Quarks*. Der Wechsel der Eigenschaftsräume, den die Partikel vollziehen, geschieht wie folgt:

- Die zwei, was ihre Masse anbelangt, **kleinen, leichten Leptonen**, die *Elektronen und Neutrinos* kommen aus Eigenschaftsraum #1, der bekanntlich für klein steht. Das Verhalten der Elektronen und Neutrinos entspricht aber den Merkmalen von Eigenschaftsraum #2. Die Neutrinos z.B. düsen quasi ungehindert durchs All und stellen somit freies, reines Mehr dar: Freiheit, Offenheit. Sie repräsentieren das ungehinderte Additionale aus Eigenschaftsraum #2. Die Elektronen setzen den zweiten mathematischen Term, das Zusammenaddieren, aus Eigenschaftsraum #2 um, da sie sich um die Atomkerne als Elektronenwolke, als MEHR-Nebel, formieren.

- Die zwei **schweren Quarks** kommen aufgrund ihrer großen Masse aus Eigenschaftsraum #2, der bekanntlich für Mehr steht. Das Verhalten der Quarks entspricht aber dem konstanten Addiert-Sein aus Eigenschaftsraum #1. Denn die Quarks kommen nur in Einheiten von jeweils drei Quarks vor und bilden so die *Protonen und Neutronen*, die Bestandteile der Atomkerne.

Dieser Wechsel der Eigenschaftsräume bringt letztlich eine erhöhte ganzheitliche Selbst-Bewusstheit (1) und damit ganzheitliches

Bewusst-Sein (2) in die Erzeugung der sichtbaren Materie, der Atomsysteme. Atome können daher als Bewusstseinsstrukturen verstanden werden.

Die zwei kleinen, leichten Leptonen, das Elektron & Neutrino, sowie die zwei schwereren Quarks tauschen die Eigenschaftsräume. Dies hebt das Prinzip der symmetrischen Selbst-Bewusstheit (1) und des ganzheitlichen Selbstbewusst-Sein (2) besonders deutlich hervor.

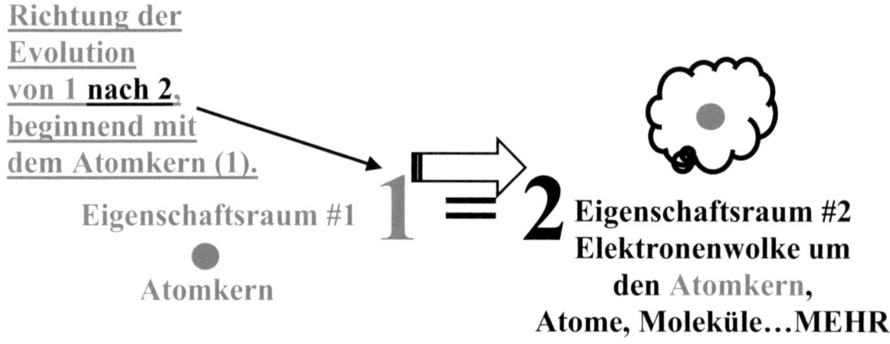

Das hoch kreative, elegant-künstlerische und vor allem selbst-bewusste Genie der intelligenten Natur besteht, wie wir gesehen haben, darin, die dynamischen Möglichkeiten der Gleichung $1 = 2$ so flexibel und doch gleichzeitig präzise zu nutzen, dass sich sichtbare, konkrete Materie zusammenaddieren kann.

(Mehr Details gibt es im Appendix.)

Bewusstsein und Archetypen/Urbilder: Der lebendige Geist in der sichtbaren Materie

Bewusstseinsaspekte wie Selbst-Bezug, Rück-Bezug, selbst-erzeugende Selbst-Erkenntnis wurden mittels der besonderen Umsetzung der mathematischen Struktur der Lokalen Symmetrie und ihrer Anweisungen in die Erschaffung der konkreten Materie eingearbeitet. Konkrete Materie, so zeigt uns der Kosmos, ist Bewusstseinsarbeit. Geistige Belebtheit ist Kernbestand der sichtbaren, baryonischen Materie.

Durch die Umsetzung der Lokalen Symmetrie Gleichung in der Erschaffung der konkreten Materie wurden gleichzeitig Archetypen/Urbilder in das Konzept der sichtbaren Materie eincodiert. Diese Ur-Ideen kommen natürlich aus der immateriellen, geistigen Welt, welche Lokale Symmetrie darstellt. Das Einhauchen des Geistigen in die sichtbare Materie bringt die Bilderwelt aus der geistigen Sphäre besonders konkret in die materielle, sichtbare Wirklichkeit und macht somit die Materie zu einer Zelebrierung des Geistigen.

Aus der vorangegangenen Darstellung wird sehr schön

ersichtlich, welche einige der fundamentalen Ur-Bilder, Ur-Formen und Ur-Ideen sind, die in die sichtbare Materie konkret encodiert wurden:

- Das auf **1 = 2** basierende Prinzip des Kreislaufes, des Nährstoffkreislaufes, des Metabolismus, der wesentlicher Bestandteil der Natur ist.

- Das Prinzip der DNA: das Rhythmisch-Ineinander-Verschränkte von **1 = 2**.

- Selbst-bewusste, lebendige Ganzheiten gemäß **1 = 2**: die Zellen

„Diese Archetypen sind (…) Folgen oder Zeugnisse einer allgemeinen Ordnung des Kosmos, die Materie und Geist in gleicher Weise umfasst."
Werner Heisenberg
(Schritte über Grenzen, Gesammelte Reden und Aufsätze, 1977, S.50)

DER STEIN DER WEISEN:

Dies ist genau jenes Phänomen, welches, wie Werner Heisenberg in seinem Buch *„Schritte über Grenzen"* erläutert (S.46-47), die Alchemisten als den Stein der Weisen bezeichneten: die gesicherte Erkenntnis, dass sich in der Materie das Geistige befindet.

„Dieses wunderschöne System aus Sonne, Planeten und Kometen konnte nur aus dem Rat und der Herrschaft eines intelligenten und mächtigen Wesens hervorgehen (...) Er ist ewig und unendlich (...), allmächtig und allwissend; das heißt, seine Dauer reicht von Ewigkeit

zu Ewigkeit; seine Anwesenheit von Unendlichkeit zu Unendlichkeit; er regiert alle Dinge und weiß alles, was getan werden kann (...) Er ist völlig frei von Körper und Körpergestalt (...) Wir haben Vorstellungen von seinen Eigenschaften, aber was die wahre Substanz von allem ist, wissen wir nicht. Wir kennen ihn nur durch seine weiseste und vortrefflichste Erfindung."
Isaac Newton
(zitiert in: Newton's Gift von Daniel Berlinski, 1998, S.172; Übersetzung durch den Autor)

Bereits der deutsche Astronom Johannes Keppler (1571-1630) – wie der Physiker Werner Heisenberg in seinem Aufsatz *„Die Bedeutung des Schönen in der exakten Naturwissenschaft"* schreibt – war sich bewusst, dass es diese Urbilder gibt, welche dann auch das **freudvolle, inner-seelische Erkennen** ermöglichen. In seinem Werk *„Kosmische Harmonie"* erläuterte Keppler:

„Denn erkennen heißt, dass sinnliche Wahrnehmbare außen mit den Urbildern innen vergleichen und es damit als übereinstimmend zu beurteilen (...) so locken auch in der Sinnlichkeit gegebene mathematischen Beziehungen jene intelligiblen Urbilder hervor, die schon von vornherein innerlich gegeben sind, so dass sie jetzt wirklich und leibhaftig in der Seele aufleuchten, während sie vorher nur nebelhaft in ihr vorhanden waren."
Johannes Keppler
(Kosmische Harmonie zitiert in: Quantentheorie und Philosophie von Werner Heisenberg,1979, S.107)

Auch der Atomphysiker, Wolfgang Pauli, der mit dem Begründer der analytischen Psychologie, dem Psychiater C.G. Jung, befreundet war, sieht im menschlichen Erkennen die platonische Erinnerung an Urbilder:

„Der Vorgang des Verstehens in der Natur, sowie auch die Beglückung, die der Mensch beim Verstehen, d.h. beim Bewusstwerden einer neuen Erkenntnis empfindet, scheint demnach auf einer Entsprechung, einem Zur-Deckung-Kommen von präexistenten, inneren Bildern der menschlichen Psyche mit äußeren Objekten und ihrem Verhalten zu beruhen."
Wolfgang Pauli
(zitiert in: Quantentheorie und Philosophie von Werner Heisenberg,1979, S.109)

Eine ähnliches ganzheitliches Naturverständnis findet sich in der berauschenden Dichtung von Johann Wolfgang Goethe, der danach strebte, die Idee eines strukturellen Urphänomens, die Urpflanze, zu erfassen.

Wie Natur im Vielgebilde
Einen Gott nur offenbart,
So im weiten Kunstgefilde
Webt ein Sinn der ew'gem Art;
Dieses ist der Sinn der Wahrheit,
Der sich nur mit Schönem schmückt
Und getrost der höchsten Klarheit
Hellsten Tags entgegenblickt.
Johann Wolfgang Goethe
(Künstlerlied, aus Johann Wolfgang Goethe – Lieder, Balladen, Gedichte, S. 152)

Sachlicher ausgedrückt kann dies so formuliert werden:

„Die universellen Symmetrien der Atome beruhen auf noch tieferen Symmetrien, die in subatomaren Teilchen und dem Klebstoff vorhanden sind, der sie zusammenhält."
K.C. Cole
(The Universe and the Teacup – The Mathematics of Truth and Beauty, 1997, S.180; Übersetzung durch den Autor)

Werner Heisenberg weist in seinem Buch „*Schritte über Grenzen*" genau darauf hin. Es gibt zwei Möglichkeiten das „Eine", die Einheit der Welt, des Kosmos, zu erfassen:

- Das Verstehen von Symmetrie – also einheitsbringender **Gleich**heit – welches auf Plato zurückgeht und die mathematisch-wissenschaftliche Sicht auf die Realität eröffnet: „Wenn man sich dem „Einen" in den Begriffen einer präzisen wissenschaftlichen Sprache nähern will, so muss man das schon von Plato beschriebene Zentrum der Naturwissenschaft ins Auge fassen, in dem man die grundlegenden mathematischen Symmetrien findet." (S.241)
- Die poetische, ganzheitliche Beschreibung der Einheit der Natur, die ebenso von Plato benutzt wurde. Hier wird in Bildern und **Gleich**nissen von der Einheitsharmonie – dem Einheitsprinzip hinter der Vielfalt der Erscheinung – in der Sprache der Dichter berichtet, um im gesellschaftlichen Kontext diese Einheitserfahrung teilen zu können (241-242). So meint Heisenberg: „...die Sprache der Bilder und Gleichnisse ist wahrscheinlich die einzige Art, sich dem

„Einen" von allgemeineren Bereichen her zu nähern." (S.242)

Auf tiefster Ebene sind, so Einstein: <u>Religion, Wissenschaft und Kunst</u> letztlich eins:

„Alle Religionen, Künste und Wissenschaften sind Zweige desselben Baumes. Alle diese Bestrebungen zielen darauf hin, das menschliche Leben zu veredeln, es emporzuheben aus der Sphäre der rein leiblichen Existenz und den einzelnen in die Freiheit zu führen."
Albert Einstein
(zitiert in: Albert Einstein – Ausgewählte Texte, 1986, S.15)

Auch Werner Heisenberg sieht diese grundlegende Einheit als gegeben an:

„Dieser innerste Bereich, in dem Wissenschaft und Kunst kaum mehr getrennt werden können, ist vielleicht für die heutige Menschheit die Stelle, an der ihr die Wahrheit ganz rein und nicht mehr verhüllt durch menschliche Ideologien und Wünsche gegenübertritt."
Werner Heisenberg
(Schritte über Grenzen, Gesammelte Reden und Aufsätze, 1977, S.48)

Wie weit diese Einheitsschau dank der Wissenschaft als gesicherte Erkenntnis angesehen werden kann, verdeutlicht der deutsche Philosoph, Michael Schmidt-Salomon.

"Im Zuge des wissenschaftlichen Forschungsprozesses wurden die *traditionellen Dualismen* von Subjekt und Objekt, von Körper und Geist, Natur und Kultur, Mensch und Tier in fundamentaler Weise

aufgehoben. Die Wissenschaft ist heute in der Lage, ebenjene *unauflösliche Verbindung des Teils mit dem Ganzen* zu erklären, welche die Mystiker in ihrer Verschmelzung mit dem Kosmos erfahren (...) Tatsächlich korrespondiert die *wissenschaftliche Einheitsdeutung* der Welt in erstaunlichem Maße mi der *mystischen Einheitserfahrung.* Ich behaupte sogar: Nur wenn wir bereit sind, Einstein zu folgen und uns selbst konsequent in die Naturkausalität einzuordnen, über die wir uns mithilfe des „unerklärlichen Wunders des ursachenfreien Willens" erheben wollten, können wir die tiefe Kluft zwischen uns und der Welt überwinden und jenes „*ozeanische Gefühl*" empfinden, über das Mystiker seit Jahrhunderten berichten."
Michael Schmidt-Salomon
(Entspannt Euch!, 2019, S.99)

Lokale Symmetrie: Ganzheitliche Entwicklung vom Kleinen ins Große

Wichtig ist in diesem Zusammenhang auch zu erkennen, dass die drei

lokal-symmetrischen, dynamischen Wechselwirkungen – starke

sowie schwache Wechselwirkung und Elektromagnetismus – helfen,

dass sich die konkrete, sichtbare lokal-symmetrische Materie aus dem

Kleinen (1) heraus in das Größere (2) selbstähnlich hinein entwickeln

kann. Erneut sehen wir wieder die Lokale Symmetrie Gleichung **1 =**

2 mit ihrer inhärenten Entwicklungsrichtung von 1 (kleiner Anfang)

nach 2 (das Mehr) am Werk.

Dies ist in der Tat das künstlerische Meisterwerk schlechthin: aus

reiner, einfachster, wunderschöner und immaterieller Mathematik

etwas so Faszinierendes konkret erschaffen zu können.

Und es ist das ewig Eine,
Das sich vielfach offenbart;
Klein das Große, groß das Kleine,
Alles nach der eignen Art;
Immer wechselnd, fest sich haltend,
Nah und fern und fern und nach,
So gestaltend, umgestaltend –
Zum Erstaunen bin ich da.
Johann Wolfgang Goethe
(Parabase, aus Johann Wolfgang Goethe – Lieder, Balladen, Gedichte, S.164)

Müsset im Naturbetrachten
Immer eins, wie alles achten;
Nichts ist drinnen, nichts ist draußen;
Denn was innen, das ist außen;
So ergreifet ohne Säumnis
Heilig öffentlich Geheimnis.

Freut euch des wahren Scheins,
Euch des ernsten Spieles;
Kein Lebendiges ist ein Eins,
Immer ist's ein Vieles.
Johann Wolfgang Goethe
(Epirrhema, aus Johann Wolfgang Goethe – Lieder, Balladen, Gedichte, S.167)

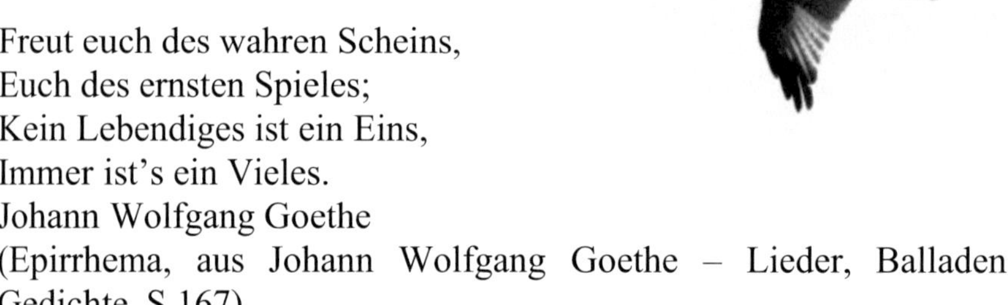

Sind die lokal-symmetrischen Materieklumpen groß genug, so dass diese Eigenschaftsraum #2 deutlich durch ihr Mehr an Masse darstellen, übernimmt die Gravitation großflächig das Zepter und macht alles ganzheitlich, lokal-symmetrisch (daher geometrisch) rund. Das Mehr, welches auf der kleinen Ebene jede Menge Unruhe in den Raum bringt, wird dann auf der großen Ebene zum glatten (was Fluktuationen anbelangt ausgeglichenen) Raum, den die Gravitation formt.

Dies verdeutlicht nochmals den kosmischen Bewusstseinscharakter von allem:

- Mehr ist auf der kleinen Ebene unklar, unscharf, unruhig. Der Raum wird ständig von Quantenfluktuationen aufgemischt.

- Auf der großen Ebene ist Mehr einfach konkreter, klarer, so dass der Raum ruhig und glatt wird.

- So unterschiedlich diese beiden Zustände für die menschlichen Sinne erscheinen mögen, für die Natur ist alles eins, denn alles baut auf dem kosmischen Ur-Bewusstsein von **1 = 2** auf.

„Die Frage, was etwas wirklich ist, wenn es zugleich als Welle und als Teilchen in Erscheinung treten kann, hat in der Mitte der 1920er Jahre eine neue Dimension bekommen, als die Physiker merkten, dass die Natur genauso durchgängig symmetrisch ist, wie es Einstein gern wollte."
Ernst Peter Fischer
(Einstein trifft Picasso und geht mit ihm ins Kino, 2006, S.197)

DIE EXISTENZ DER QUANTEN-FELDER:

Die rechtwinklige Vereinigung der beiden Dimensionen im lokal-symmetrischen Punkt des Achsenkreuzes, des Plus-Zeichens, erklärt auch die Existenz von Feldern, der Ansammlung unendlich vieler virtueller Teilchen. Sinn und Zweck der Erzeugung der rechtwinkligen Beziehung war die maximale Darstellung von Mehr. Mehr ist offen, unendlich. Damit wird ersichtlich, dass es unendlich viele solcher Vereinigungspunkte gibt, die grenzenlosen Felder mit ihren unendlich vielen virtuellen Teilchen, wie Photonen. Diese Quantenfeldtheorie lässt sich mit der speziellen Relativitätstheorie vereinigen, die u.a., fordert, dass die konstante (symmetrische) Lichtgeschwindigkeit eingehalten wird. Ebenso wird aus $E=mc^2$ deutlich, dass es viele unterschiedliche kleine Teilchen geben muss, was sich in dem Feldkonzept der Quantenmechanik bestätigt hat.

Der Big Bang geschah, so sagt uns die Theorie, auch nicht nur an einem Punkt im leeren Raum, sondern an vielen gleichzeitig. Durch die Geschwindigkeitsbegrenzung für die Übertragung von Information, der Lichtgeschwindigkeit, erkennen wir aber nur einen Anfang.

Unser Kosmos ist „unterlegt" von Feldern, den Ansammlungen der unzähligen, virtuellen Teilchen, und das Gravitationsfeld ist schlicht die Krümmung der Raumzeit.

LOKALE SYMMETRIE ALS STRINGTHEORIE:

Eine Vereinigung der einzelnen Theorien ist mit dem Konzept der Stringtheorie recht weit fortgeschritten. Kern dieser Theorie ist es, dass sich alles aus der Struktur eines extrem kleinen, vibrierenden Strings heraus entwickelt. Unterschiedliche Vibrationen in höherdimensionaler Raumzeit erzeugen z.B. verschiedene Teilchen.

Lokale Symmetrie hat die einfache, rein mathematische Struktur von **1 = 2**. Vereinfacht kann dies als ein String, eine kleine Gerade, gedacht werden:

- Die Lokale Symmetrie Gleichung **1 = 2** kann mit ihrem Zentrum, dem einheitserzeugenden Gleichzeichen (=) als eine gerade Linie (Einheit) verstanden werden, die zwei symmetrischen Enden, 1 und 2, hat. Lokale Symmetrie ist dann abstrahiert denkbar als ein offener, 1-dimensionaler

String – wie eine gerade, symmetrische Einheits-Linie (1) von etwa einer Planck-Länge–, die dann auf unterschiedliche Weise vibrieren kann, um MEHR (2) zu sein. Damit sind die beiden Aspekte der Lokalen Symmetrie umgesetzt, und der nun vibrierende String enthält, laut den Erkenntnissen aus der Stringtheorie, alle Information (und noch Mehr), die für die Erschaffung des Kosmos auschlaggebend sind.

Bereits erläutert wurde, dass sich das konstante (symmetrische) Wirkungsquantum h als gesamte Lokale Symmetrie Gleichung verstehen kann. Im Kern, im „Herz“, beinhaltet das Quantum damit auch das zentrale Gleichzeichen.

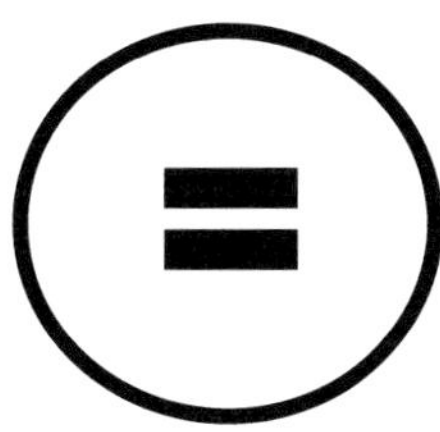

Da das Gleichzeichen als vibrierender String verstanden werden kann, ist es damit möglich, wie in der Stringtheorie, das Quantum als Ausdruck einer energetischen Vibration zu verstehen.

„...die Strings der Stringtheorie sollen tief im Herzen der Materie liegen. Die Theorie geht davon aus, dass es sich um ultramikroskopische Bestandteile der Teilchen handelt, aus denen die Atome selbst bestehen."
Brian Green
(The Hidden Reality, 2011, S.136; Übersetzung durch den Autor)

- Lokale Symmetrie ist inhärent kreisläufig und kreisförmig, da $1 = 2$ eine symmetrische Ganzheit ist, in dem das Eine gleichzeitig dynamisch dem Anderen ist.

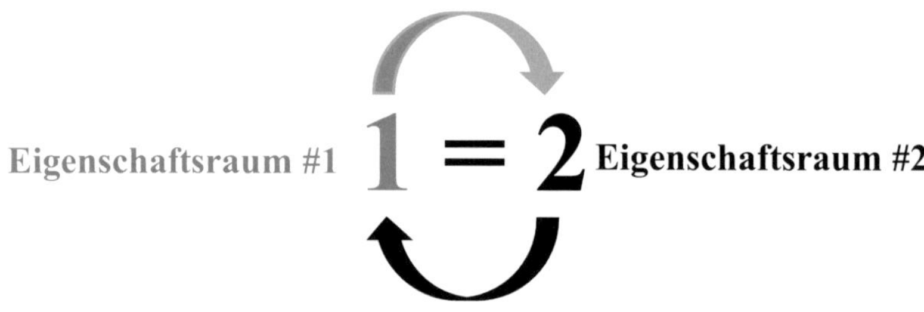

Daher ist das Gleichzeichen der Lokalen Symmetrie abstrakt auch als ein geschlossener String denkbar – gleich einem symmetrischen Kreis, einer Einheit (1), die dann **gleich**zeitig ebenfalls unterschiedlich vibrieren kann, um so den MEHR-Aspekt (2) darzustellen.

Symmetrischer Kreis, eine EINHEIT (1), ein geschlossener String

Vibrationen des geschlossenen Strings, um auch MEHR (2) zu sein.

Im platonischen Sinne stellt dies auf Basis der Lokalen Symmetrie Gleichung eine Geometrisierung der Natur auf fundamentaler Ebene dar – also des alles vereinenden Gleichzeichens. Die Geometrisierung des Gleichzeichens, also der Lokalen Symmetrie, ist ein genialer

Einfall, denn er eröffnet einen tieferen Zugang zur Welt der Mathematik, die mit neuen Methoden und Werkzeugen viele ungelöste Fragen beantworten kann.

Albert Einstein kam, wie erwähnt, bereits als 12-jähriger Junge zu der Überzeugung, dass die Natur als eine einfache, mathematische Struktur verstanden werden kann. Mit der Lokalen Symmetrie hat er als Erwachsener diese Struktur wissenschaftlich nachgewiesen. Diese einfache, rein mathematische Struktur von **1 = 2** enthält alle Informationen, um den uns bekannten Kosmos (die Ordnung) zu erschaffen.

Es wurde ebenso bereits erläutert, dass sich in der Struktur des Achsenkreuzes, welches sich aus der Lokalen Symmetrie Gleichung, dem ewigen Bewusstsein, ergibt, auch wieder alle essentielle Information enthalten ist, die es für die wesentlichen Phänomene des Universums braucht. Diese Information verdichtet sich in dem lokal-symmetrischen Einheitsschnittpunkt der beiden Achsen.

Dieser „Punkt", das Quantum, kann als Ausdruck von Schwingung verstanden werden, welche das zentrale Gleichzeichen in der kleinsten Einheit, dem Quantum, umsetzt. Dieses Schwingungskonzept führte zu der geometrischen Struktur des Strings.

Die zusammenaddierte Information in dem lokal-symmetrischen Einheitsschnittpunkt des Achsenkreuzes kann man sich darüber hinaus wieder als eine weitere Struktur, eine Geometrisierung vorstellen. Genau so, wie das 2-dimensionale Raum-Zeit-Achsenkreuz, oder der 3-dimensionale Raum, oder die 4-dimensionale Raumzeit, mathematische Strukturen, basierend auf der ewigen Struktur der Lokaler Symmetrie, sind, so kann die zusammenaddierte Information in dem Einheitspunkt als zusammengerollte, winzige Raum-Dimensionen geometrisch verstanden werden. Das ist möglich, weil der Raum die MEHR-Ebene (#2) darstellt. Sobald zu der horizontalen Raumachse (Eben #2) im Achsenkreuz mit der vertikalen Zeitachse (Ebene #1) eine weitere, eine zweite rechtwinklige angeordnete Raumachse hinzukommt, so dass MAXIMAL MEHR (#2) dargestellt wird, kommt, wie erläutert, das ZUSAMMENADDIEREN aus Ebene #2 ins Spiel.

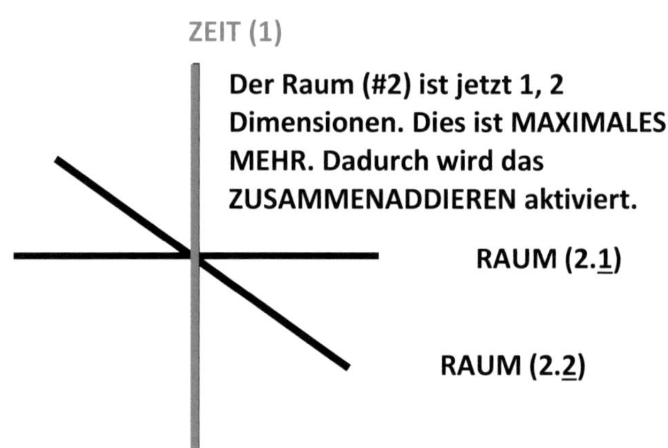

Dies erzeugt die uns bekannten drei Raumdimensionen gemäß MEHR (die zwei Raumachsen) ADDIERT SICH ZUSAMMEN mit der einen Zeitachse: 1 + 2 = 3; und diese jetzt zusammenaddierte 3D-**Raumeinheit** verdrängt die eine Zeitdimension ins Verborgene.

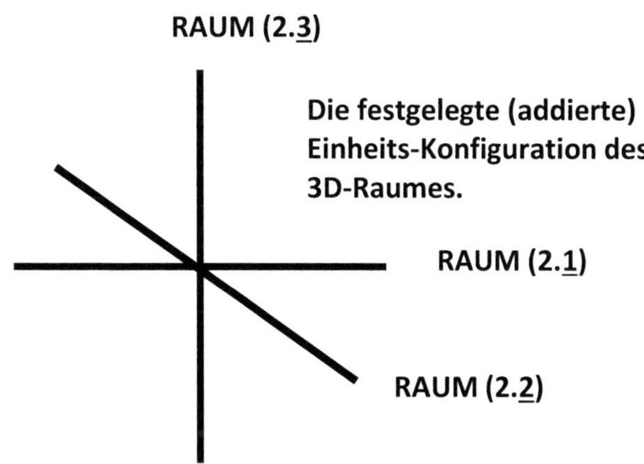

Da MEHR zusammenaddiert wird, und MEHR letztlich immer 1, 2 Aspekte bedeutet, so kann argumentiert werden, dass jede der drei einzelnen Raumachsen (1) gleichzeitig noch zwei weitere Raumachsen (2) ist. Eine Raumachse (1) ist dann ebenso zwei weitere Raumachsen (**1** = **2**), so dass es die drei großen, bekannten Raumachsen gibt, plus sechs weitere Raumachsen, die ganz klein zusammengerollt (addiert) werden. Damit erhält man **9 Raumdimensionen**.

3 große Raumdimensionen + 6 winzig kleine, zusammengerollte (addierte) Raumdimensionen = <u>9 Raumdimensionen</u>

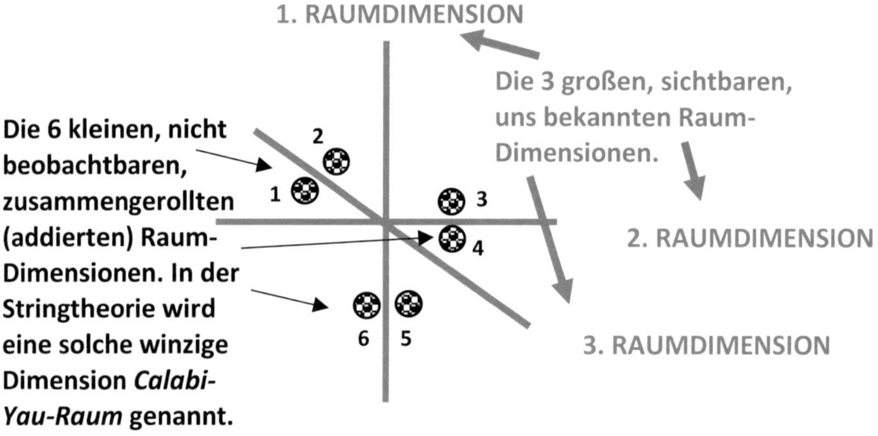

Die neun Raumdimensionen müssen dann mit der einen unsichtbaren Zeitdimension zusammengefasst werden: insgesamt erzeugt dies eine **10-dimensionale Raumzeit.**

Dies ergibt sich aus der Stringtheorie. Neben den bekannten 3 Raumdimensionen gibt es noch weitere sechs Raum-Dimensionen, welche sich in einer spezifischen, mathematisch bestimmten Struktur ganz klein zusammenrollen und einen sogenannten *Calabi-Yau-Raum* bilden. Dieser höherdimensionale, winzige, zusammengerollte Raum ist im bekannten 3-Dimensionalen Raum überall anzufinden (nur, wegen seiner Winzigkeit nicht beobachtbar) und die Strings können auch dort hindurchvibrieren.

Alle <u>fünf</u> Stringtheorien haben diese 10-Dimensionalität, die, da die neun Raumdimensionen das *einstellige Maximum* sind, Eigenschaftsraum #1 entsprechen. Diese neun Raumdimensionen (10 Dimensionen insgesamt) sind identisch mit einem **11-dimensionalen Ansatz** (10 Raum- und 1 Zeitdimension). Diese *zweistellige* Zahl 11 (bzw. die 10 Raumdimensionen) entspricht Eigenschaftsraum #2.

Die beiden symmetrischen Dimensionalitäten (9 und 10 Raumdimensionen) spiegeln somit die Lokale Symmetrie Gleichung **1 = 2** wider.

Die Analyse der strukturellen Systematik der Lokalen Symmetrie zeigt, dass die von der Stringtheorie beschriebenen geometrischen Phänomene – wie Strings und zusammengerollte, höher-dimensionale, winzige Räume – unterstützt werden.

Die nachfolgenden Zitate sollen unterstreichen, dass symmetrische Struktur im Kosmos essentiell ist und damit die lokal-symmetrische, alles-beinhaltende Ur-Information:

„…leerer Raum ist in Wirklichkeit ein dynamisches Medium voller Struktur und Aktivität."
Frank Wilczek
(The Ligthness of Being, S.179; Übersetzung durch den Autor)

„…die geometrische Form zusätzlicher Dimensionen spielt eine entscheidende Rolle bei der Bestimmung resonanter

Schwingungsmuster. Da uns die Muster der String-Schwingungen als Massen und Ladungen von Elementarteilchen erscheinen, schließen wir daraus, dass diese grundlegenden Eigenschaften des Universums im Großen und Ganzen durch die geometrische Größe und Form der zusätzlichen Dimensionen bestimmt werden."
Brian Greene
(The Elegant Universe, 2003, S.206; Übersetzung durch den Autor)

„Platons Vision, Struktur aus Symmetrie abzuleiten, hallt im Laufe der Jahrhunderte wider (...) Die Idee, dass Symmetrie die Wurzel der Natur ist, hat unser Verständnis der physischen Realität dominiert. Die weit hergeholte Idee, dass Symmetrie die Struktur diktiert (...), ist an den unerforschten Grenzen des Unbekannten zu unserem Leitstern geworden."
Frank Wilczek
(A Beautiful Question, 2015, S.48; Übersetzung durch den Autor)

"Damit tritt (…) der Gedanke Platons in die Naturwissenschaft ein, dass der atomaren Struktur der Materie letzten Endes ein mathematisches Gesetz, eine mathematische Symmetrie zugrunde liegt (…) Die Existenz der Atome oder der Elementarteilchen als Ausdruck einer mathematischen Struktur, das war die neue Möglichkeit, die Planck mit seiner Entdeckung aufgezeigt hatte, und hier berührt er Grundlagen der Philosophie."
Werner Heisenberg
(Schritte über Grenzen, Gesammelte Reden und Aufsätze, 1977, S.24)

„Die ultimative Herausforderung bei „Its From Bits" besteht darin, mathematische Strukturen zu finden, die bewusste Erfahrung und flexible Intelligenz widerspiegeln – mit einem Wort: denkende Computer."
Frank Wilczek
(The Ligthness of Being, 2010, S.112; Übersetzung durch den Autor)

„Symmetrie ist allgegenwärtig (...) Symmetrie durchdringt die gesamte Wissenschaft und nimmt einen herausragenden Platz in der Chemie, Biologie, Physiologie und Astronomie ein. Symmetrie durchdringt die innere Welt der Struktur der Materie, die äußere Welt des Kosmos und die abstrakte Welt der Mathematik selbst. Die Grundgesetze der Physik, die grundlegendsten Aussagen, die wir über die Natur machen können, basieren auf der Symmetrie."
Leon M. Lederman & Christopher T. Hill
(Symmetry and the Beautiful Universe, 2004, S.13; Übersetzung durch den Autor)

Die verschiedenen fünf Stringtheorien, eine sechste Theorie in dem Gesamtrahmen beinhaltet sogar ein Punkt-Partikel (auf Basis der Quantenfeldtheorie als eine 11D-Supergravitationstheorie), sind letztlich alle lokal-symmetrisch, denn, es zeigte sich im Rahmen der **11-dimensionalen M-Theorie**, welche alle 5 Stringtheorien und die Punk-Partikel-Theorie in einer vereinenden Mitte zusammenfasst, dass diese lediglich „unterschiedliche", aber zusammenhängende Blickwinkel (Symmetrien) auf die eine fundamentale Einheitsrealität der Natur darstellen.

Natürlich trifft man auch bei der Stringtheorie auf das der Lokalen Symmetrie inhärente Konzept der Vielfalt (MEHR), gerade in den vielen weiteren Strukturen, wie höher-dimensionalen Membranen im Herzen der M-Theorie, oder der Richtung Unendlichkeit zielenden Vielfalt in den alternativen Universen (Multiverse), die mathematisch möglich sind.

Doch ein Verständnis der Lokalen Symmetrie hilft dann zu erkennen, warum das Universum letztlich so gestaltet ist, wie wir es erleben und erforschen.

Strings z.B. bilden das Konzept der Lokalen Symmetrie eleganter ab als die höherdimensionalen Gebilde, die Membranen, so dass es im Wesentlichen die Strings sind, die Kontakt zu unserer bekannten physikalischen Welt (Partikel und Kräfte) haben.

Auch in der symmetrischen Vereinigung aller relevanten Stringtheorien und der Punkt-Partikel-Theorie, der 11-dimesnionalen M-Theorie, gibt es gemäß den Vorgaben der Lokalen Symmetrie Gleichung **1 = 2** <u>einen Wechsel der Eigenschaftsräume</u>:

- **einen inneren Kern (Eigenschaftsraum #1, addierte Einheit)** mit hoch-energetischen, mehrdimensionalen Strukturen, den Membranen (Mehr addiert sich zusammen in den Einheitskern der M-Theorie),

- **und einen äußeren Bereich (Eigenschaftsraum #2, Mehr)**, in dem die „leichteren", eindimensionalen Strings sich freier bewegen (Mehr sein können, das Additionale), um, wie erwähnt, die uns bekannte Physik zu generieren.

„Die M-Theorie ist der theoretische Elefant, der Stringtheoretikern die Augen für einen weitaus umfassenderen, vereinheitlichenden Rahmen geöffnet hat."
Brian Greene
(The Elegant Universe, 2003, S.315; Übersetzung durch den Autor)

Die fünf Stringtheorien und die eine Punk-Partikel-Theorie sind durch die M-Theorie zu einer symmetrischen Einheit verschmolzen. In der Mitte (Zentrum, Konzentration, Eigenschaftsraum #1) befinden sich die mehrdimensionalen Membranen und Außen in den „Blütenblättern" (Mehr, Eigenschaftsraum #2) halten sich die leichten 1D-Strings, bzw. die mehrdimensionalen Membranen, welche sich auf 1-Dimensionalität verkleinert haben, auf. Dies zeigt auch die Bewegungsrichtung der Evolution an, von 1 (innen) nach 2 (Außen), die der Lokalen Symmetrie inhärent ist.

Das Muster erinnert an eine Blume, in gewissem Sinne an die Urpflanze Goethes und dessen Erkenntnis, dass Innen (1) gleich Außen (2) ist.

Müsset im Naturbetrachten
Immer eins, wie alles achten;
Nichts ist drinnen, nichts ist draußen;
Denn was innen, das ist außen;
So ergreifet ohne Säumnis
Heilig öffentlich Geheimnis.
Johann Wolfgang Goethe
(Epirrhema, aus Johann Wolfgang Goethe – Lieder, Balladen, Gedichte, S.167; Fettung durch Autor)

Kein Wesen kann zu nichts zerfallen!
Das Ewige regt sich fort in allen,
Am Sein erhalte dich beglückt!
Das Sein ist ewig; denn Gesetze
Bewahren die lebendigen Schätze,
Aus welchem sich das All geschmückt.
Johann Wolfgang Goethe
(Vermächtnis, aus Johann Wolfgang Goethe – Lieder, Balladen, Gedichte, S.165)

Weitere holistisch-symbolische Assoziationen drängen sich einem auf, wie z.B.:

Der Davidstern:

Das Pluszeichen:

Die sechs Theorien der M-Theorie, lassen sich, wie in dem obigen Bild, in zwei symmetrische Dreiereinheiten aufteilen:

- Das Additionale: 1, 2, 3
- Das Zusammenaddieren: $1 + 2 = 3$

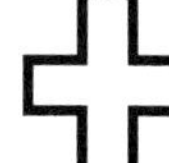

Zusammen ergibt dies das konstante (addierte) Pluszeichen, die materielle Welt.

Das Yin-Yang-Symbol:

- YIN, die Ausdehnung:
  - Der äußere Bereich der M-Theorie, der in die sich ausdehnende, materielle Welt hineinreicht
  - Das Zählen: 1, 2, 3, das Mehr
- Yang, das Konzentrierte:
  - Der innere Bereich der Konzentration der M-Theorie
  - Das Addieren: $1+2=3$

Dadurch, dass die beiden Qualitäten immer von einander wissen (die kleinen Punkte) besteht lokale Symmetrie (Bewusstsein) und damit holistische Einheit.

Alle drei Beispiele für holistische Symbole zeigen eine Überlappung, Überkreuzung, bzw. Verschränkung der beiden Eigenschaftsräume (1 & 2) auf, was, wie bei der Lokalen Symmetrie Gleichung, auf Selbstbewusstheit und ganzheitliches Bewusstsein hindeutet.

<u>SELBSTBEWUSSTHEIT (1) UND GANHEITLICHES BEWUSST-SEINS (2) IN DER M-THEORIE:</u>

Wie bei den Fermionen, wo eine Überkreuzung der Eigenschaftsräume gegeben ist – die leichten, kleinen Leptonen (#1 Eigenschaftsraum, klein) halten sich in Eigenschaftsraum #2 auf (freie Bewegung der Neutrinos, *das Additionale*, und *Mehr addiert sich* mittels der Elektronen) und die schweren Quarks (#2 Eigenschaftsraum, Mehr) befinden sich in Eigenschaftsraum #1 (immer zusammenaddiert, konzentriert) –, so zeigt sich auch in der 11-dimensionalen M-Theorie dieser Überkreuzung:

- Die energiereichen, schweren, höherdimensionalen Membranen (aus Eigenschaftsraum #2, Mehr) bilden das Zentrum (Eigenschaftsraum #1, ADDIERT-SEIN) der M-Theorie.

- Die leichteren 1-dimensionalen Strings (aus Eigenschaftsraum #1, klein, leicht, 1-dimensional) halten sich in den äußeren Bereichen (Eigenschaftsraum #2, MEHR,

freiere Bewegung, Mehr addiert sich zur sichtbaren Materie)
auf, um dort die uns bekannte Physik – 4D-Raumzeit,
Teilchen, Naturgesetze – zu manifestieren.

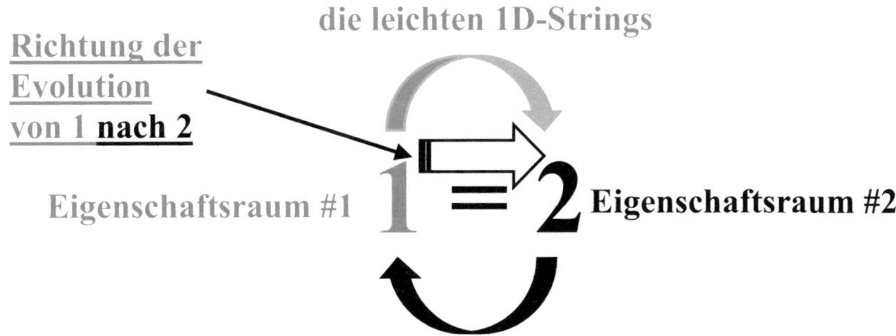

die schweren, höherdimensionalen Membranen

Die kleinen, leichten 1D-Strings, sowie die hochenergetischen,
mehrdimensionalen Membranen tauschen die Eigenschaftsräume.
Dies hebt das Prinzip der symmetrischen Selbst-Bewusstheit (1) und
des Bewusst-Seins (2) besonders deutlich hervor. Der dicke Pfeil
über dem Gleichzeichen zeigt die der lokalen Symmetrie inhärente
Bewegungsrichtung von 1 nach 2 an. **M-Theory steht also für
holistische MIND-THEORY, für Bewusstseins-Theorie, würde
ich vorschlagen.**

Diese Überkreuzung gemäß **1 = 2** ist immer ein Ausdruck von
Selbstbewusstheit. Somit verdeutlicht auch die Stringtheorie den
fundamentalen, lokal-symmetrischen Bewusstseinscharakter des
Kosmos.

In seinem Buch „*The Elegant Universe*" erläutert Brian Greene, dass es dank der Physiker Gasperini und Veneziano in der Stringtheorie einen Ansatz gibt, in der das unendlich ausgebreitete, kalte Universum sich auf einen Punkt hin zusammenschrumpft, so dass aus dieser Lokalen Symmetrie ein neuer, heißer Anfang für einen nächsten kosmischen Zyklus hervorgeht (S.362). Dies ähnelt vom Ergebnis her der Theorie von Roger Penrose, der das Universum in seinem Buch „*Zyklen der Zeit*" auch zyklisch begreift.

Stringtheorie integriert vorherige Theorien und bietet dadurch gleichzeitig Möglichkeiten, die Natur einheitlicher zu erfassen. Je nach Situation erzeugt die **Mathematik** der Stringtheorie die Gleichung Einsteins zur Gravitation oder die Formeln der Quantenfeld-Theorie.

„Die Stringtheorie ist möglicherweise der nächste und letzte Schritt (…) In einem *einzigen* Rahmen behandelt sie die Bereiche, die von Relativität und Quantentheorie beansprucht werden. Darüber hinaus – und hier ist es wert, aufmerksam zuzuhören – tut die Stringtheorie dies auf eine Art und Weise, die alle anderen Entdeckungen, die ihr vorausgingen, vollständig umfasst."
Brian Greene
(The Hidden Reality, 2011, S.94; Übersetzung durch den Autor)

In „*The Elegant Universe*" stellt Greene, da sich aus der Stringtheorie alle bekannten Symmetrien (Lokale Symmetrien) wie das

Äquivalenzprinzip und die Eichsymmetrien ergeben, folgende Frage:

„Ist die Stringtheorie selbst eine unvermeidliche Folge eines umfassenderen Prinzips—möglicherweise, aber nicht unbedingt eines Symmetrieprinzips…?"
Brian Greene
(The Elegant Universe, 2003, S.375; Übersetzung durch den Autor)

Wird auf herkömmliche Weise versucht Quantenmechanik (#1, kleine Ebene) und Gravitation (#2, große Ebene) zu vereinen, dann ergeben die Gleichungen unendliche Wahrscheinlichkeitsergebnisse. Per Definition sollte sich Wahrscheinlichkeit aber nur zwischen 0 und 1, oder 0% und 100% bewegen, aber nicht Unendlichkeit beinhalten.

Bedenkt man aber, dass Lokale Symmetrie die abstrakteste und damit einfachste, alles-umfassende Aussage über die Einheit der Natur ist, dann weiß man, dass Lokale Symmetrie Unendlichkeit beinhalten muss, um das allgemeinste, immer gültige Prinzip sein zu können. Insofern liefern die oben erwähnten Gleichungen, die 1 (Klein) und 2 (Groß) maximal vereinen, keine sinnlose Antwort, wenn diese als Ergebnis Unendlichkeit präsentieren.

Es geht, wie der große Mathematiker, Henri Poincaré sagte, immer darum zu verstehen, **wie** die Natur eine Einheit und damit symmetrisch (harmonisch) sein kann. Dass die Natur eine Einheit ist, steht fest, so Poincaré. In diesem Zusammenhang hebt Poincaré hervor, dass diese Einheit der Natur auf dem zentralen Prinzip der *harmonischen Beziehung* basiert und allgemeine Aussagen Unendlichkeit beinhalten. Im Kern geht es also stets darum, Lokale Symmetrie zu verstehen.

„Es ist nur leicht übertrieben, dass die Physik das Studium der Symmetrie ist."
Phil Anderson
(zitiert in: The Universe in the Rearview Mirror von David Goldberg, 2013, S. xvii; Übersetzung durch den Autor)

„Mit Symmetrie meinen wir die Existenz verschiedener Gesichtspunkte, aus denen das System gleich erscheint."
Phil Anderson
(More is Different, Science, New Series, Vol. 177, No. 4047, Aug. 4, 1972, 393-396, S.394; Übersetzung durch den Autor)

Einstein war sich schon als Junge, wie bereits erwähnt wurde, klar, dass die Natur eine einfache mathematische Struktur ist. Heisenberg erklärte, dass selbst das Quantum als mathematisches Objekt verstanden werden muss und die zentrale Antwort über die Natur des Kosmos in Platons Idee der Symmetrie zu suchen ist. Die Physiker Wilczek, Ledermann und Hill betonen, dass Lokale Symmetrie zentral ist und die Sprache der Natur darstellt. Der Mathematiker, Edward Frenkel, hebt hervor, dass Symmetrie ganz abstrakt verstanden werden müsse, um dieses Prinzip überall wiederfinden zu können. Und der Physiker, Max Tegmark, fordert in seinem Buch *„Our Mathematical Universe"*, welches den Kosmos als reine mathematische Struktur beschreibt, dass die Grundlage des Universums eine ganz abstrakte, rein mathematische, strukturelle Beziehungs-Theorie sein müsse.

„Diese ToE wäre eine vollständige Beschreibung der äußeren physischen Realität, die die Hypothese der externen Realität voraussetzt (...) eine solche vollständige Beschreibung muss frei von jeglichem menschlichen Gepäck sein. Das bedeutet, dass es überhaupt keine Konzepte enthalten darf. Mit anderen Worten, es muss eine rein mathematische Theorie sein, ohne Erklärungen oder „Postulate" wie in Quantenlehrbüchern (...) eine solche Beschreibung von Objekten in dieser äußeren Realität und die Beziehungen zwischen ihnen müssten völlig abstrakt sein (...) Die einzigen Eigenschaften dieser Entitäten wären diejenigen, die durch die Beziehungen zwischen ihnen verkörpert werden (...) Eine mathematische Struktur ist genau dies: eine Menge abstrakter Entitäten mit Beziehungen zwischen ihnen (...) wir erfinden keine mathematischen Strukturen— wir entdecken sie." Max Tegmark
(Our Mathematical Universe, 2014, S. 258-259; Übersetzung durch den Autor)

So schließt sich der Kreis und führt wieder zurück auf das, was Mathematiker Poincaré sagte: Dass Mathematik immer Gleiches mit Gleichem verbindet.

$$1=2$$

Da wir gesehen haben, dass die Idee mit den Strings die Möglichkeit aufzeigt, dass das Gleichzeichen, der Kern der Lokalen Symmetrie, geometrisiert werden kann und dies einen tieferen Dialog mit der ewigen, rein mathematischen Realität eröffnet, geht es bei der Stringtheorie vermutlich nicht so sehr darum, ob Strings mittels Tests nachgewiesen werden können, sondern darum, die gesamte mathematische Natur des Kosmos, samt seiner Verbindung zur geistigen Welt, besser zu verstehen.

„Ich glaube, dass sich der logische Status der Quantenmechanik auf ähnliche Weise ändern wird wie der logische Status der Schwerkraft, als Einstein das Äquivalenzprinzip entdeckte."
Edward Witten
(zitiert in: The Elegant Universe von Brian Greene 2003, S. 382)

Das Äquivalenzprinzip steht für Lokale Symmetrie. Damit gelang es Einstein, die Einheit der Natur, des Kosmos, aufzuzeigen. Der Kosmos stellte sich als wunderbare, schöne und ewiglich geheimnisvolle harmonische Struktur dar. Diese Einheitlichkeit des Universums zeigte sich erneut, indem wir erörtert haben, dass auch Quantenmechanik als Ausdruck von Lokaler Symmetrie verstanden werden muss. Die Stringtheorie, so erscheint es, geht noch einen Schritt weiter in das Herz der Lokalen Symmetrie hinein und hat mittels einer einfachen Idee, dem String, Wege gefunden, das **alles vereinende, daher selbst lokal-symmetrische Gleichzeichen mathematisch zu beschreiben**, was dazu führte, dass Quantenmechanik und Gravitation mit einem Ansatz harmonisch erfasst werden konnten und alle anderen zentralen Manifestationen von Lokaler Symmetrie – vom Äquivalenzprinzip bis zu den

Eichsymmetrien – sich ebenfalls aus der Stringtheorie mathematisch ergaben.

Es bleibt also weiterhin spannend, wie Physiker es schaffen werden, Lokale Symmetrie mathematisch zu erfassen.

Mit diesen tiefen Einblicken, wie sich die immaterielle, ewige, platonische Welt der Mathematik im physikalischen, materiellen Universum darstellen kann, wollen wir dieses Kapitel beenden und uns im nächsten Kapitel der Frage widmen, wie der Himmel, die rein geistige Welt, sich gemäß $1 = 2$ darstellt.

„Reine Mathematik ist in gewisser Weise die Poesie logischer Ideen. Man sucht nach den allgemeinsten Ideen des Funktionierens, die in einfacher, logischer und einheitlicher Form den größtmöglichen Kreis formaler Beziehungen zusammenfassen. Bei diesem Streben nach logischer Schönheit werden spirituelle Formeln entdeckt, die für ein tieferes Eindringen in die Naturgesetze notwendig sind.“
Albert Einstein
(Letter to the Editors of the New York Times, "Professor Einstein Writes in Appreciation of a Fellow-Mathematician", Princeton University, May 1, 1935; Übersetzung durch den Autor)

„Ich glaube, wenn wir uns dieser verborgenen Realität bewusst werden und ihre ungenutzten Kräfte einsetzen, wird dies zu einem Wandel in unserer Gesellschaft in der Art der industriellen Revolution führen. Meiner Ansicht nach ist es die Objektivität des mathematischen Wissens, die die Quelle seiner unbegrenzten Möglichkeiten ist. Diese Qualität unterscheidet die Mathematik von jeder anderen Art menschlichen Unterfangens. Ich glaube, dass das Verständnis dessen, was sich hinter dieser Qualität verbirgt, Licht auf

die tiefsten Geheimnisse der physischen Realität, des Bewusstseins und der Wechselbeziehungen zwischen ihnen werfen wird. Mit anderen Worten: Je näher wir der platonischen Welt der Mathematik sind, desto mehr Kraft werden wir haben, die Welt um uns herum und unseren Platz darin zu verstehen."
Edward Frenkel
(Love and Math, 2013, S.235; Übersetzung durch den Autor)

KAPITEL 5

DER HIMMEL:
LOKALE SYMMETRIE ALS DIE GEISTIGE, SPIRITUELLE
BEWUSSTSEINSWELT:
das ewige Geheimnis der göttlichen Sphäre

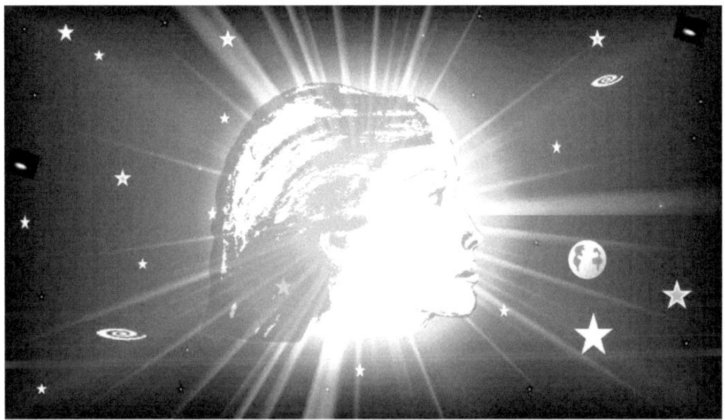

Kapitel 5 und 6 sind Zusammenfassungen und Vereinfachungen des bisher gesagten, damit die grundsätzlich systematische Einfachheit der Sphären Himmel und Erde nochmals deutlicher wird.

„Körper und Seele sind nicht zwei verschiedene Dinge, sondern nur zwei verschiedene Arten, dasselbe wahrzunehmen. Ebenso sind Physik und Psychologie nur unterschiedliche Versuche, unsere

Erfahrungen durch systematisches Denken miteinander zu verknüpfen."
Albert Einstein
(zitiert in: Albert Einstein, The Human Side: Glimpses from His Archives, herausgegeben von Helen Dukas & Banesh Hoffmann, S.38, 2013; Übersetzung durch den Autor)

„…wir erfinden keine mathematischen Strukturen – wir entdecken sie."
Max Tegmark
(Our Mathematical Universe, 2014, S. 259; Übersetzung durch den Autor)

DER AUFBAU DER GEISTIGEN WELT

LEVEL 1: Die erste Lesart von 1 = 2

Wir wissen Folgendes: der erste Level, die erste Lesart, der Lokalen Symmetrie Gleichung **1 = 2** steht für absolute Identität. Denn beide Zahlen repräsentieren jeweils identische Einheiten. Nummer 1 ist die erste Einheit und Nummer 2 ist die zweite Einheit. Dies ist ewige, immaterielle, rein mathematische lokale Symmetrie. Ewiges, in Ruhe seiendes Selbstbewusstsein; Bewusst-Sein schlechthin.

Mathematisch wird dies so ausgedrückt:

$$1 = 2$$

LEVEL 2: Die zweite Lesart von 1 = 2

Die zweite Ebene der Lokalen Symmetrie Gleichung, **1 = 2**, beinhaltet, dass Nummer 2 – als die größere Zahl, als das Zusätzliche, das Additionale, welches kein Ende hat und Unendlichkeit repräsentiert – verstanden wird. Dieser Level steht dann auch für Bewegung, für die unerschöpfliche Dynamik der geistigen Welt.

Mathematisch wird dies, genau wie für Level 1, so ausgedrückt:

$$1 = 2$$

Wir können also ganz einfach erkennen, dass die beiden scheinbar unterschiedlichen Level, 1 und 2, auf tiefster mathematischer Ebene total identisch, gleich sind, da beide Level mit derselben Lokalen Symmetrie Gleichung **1 = 2** dargestellt werden und daher ewig eins sind.

$$\boxed{1 = 2}$$
$$\boxed{1 = 2}$$

Damit wird auch klar, dass diese beiden Level oder Dimensionen letztlich das innere Zentrum der Lokalen Symmetrie Gleichung sind: das Gleichzeichen. Mathematisch repräsentiert das einfache Gleichzeichen den Himmel, die rein geistige Welt.

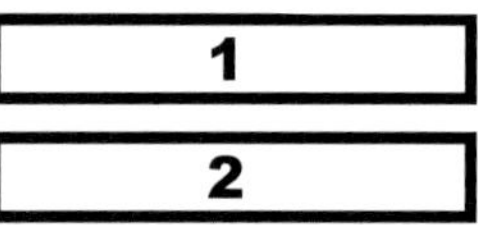

In der Mitte des Gleichzeichens steht Nichts. Das Nichts ist der höchste lokal-symmetrische Zustand, da dort jeder Punkt vollkommen gleich dem anderen ist. Daher gibt es in dieser maximalen Einheit sprichwörtlich Nichts zu sehen.

Die Magie des lokal-symmetrischen Nichts ist, dass es zweierlei zulässt:

- Die beiden Level, 1 und 2, können unterschiedlich sein,
- ohne dass eine Unterscheidung vorliegt, denn das höchst lokal-symmetrische Nichts vereint diese beiden Dimensionen.

Auf der geistigen Ebene gibt es also **nur Einheit**. Die spirituelle Welt ist das Bewusstsein, welches ewiglich unendlich viele Möglichkeiten und dynamisches Potential hat.

In letzter Konsequenz ist es Liebe, die sich in ihrem höchsten Daseinszustand, dem Nichts, als göttlich wahrnimmt.

MATHEMATIK RICHTIG VERSTEHEN:

Die geistige Welt basiert, wie wir gesehen haben, auf der ewigen

Lokalen Symmetrie Gleichung **1** = **2**. Dies ist die einfachste, rein mathematische Idee: Einheit.

Dadurch, dass diese Gleichung Unendlichkeit beinhaltet, gibt es einen Anteil in dieser Einheit, der unberechenbar ist.

Damit beinhaltet der Himmel, die mathematische platonische Welt, Folgendes:

- Die rein mathematische Welt mit all ihren zahllosen Formeln und Möglichkeiten (1).
- Eine noch viel größere Welt, welche voller Ideen, Bilder, Wissen, Fantasie, etc. ist. Dies wird durch den Unendlichkeitsterm gewährleistet (2).

Der bekannte Physiker und Nobelpreisträger, Roger Penrose, formuliert dies so:

„In der präzisen, platonischen, mathematischen Welt gibt es so viel Mysterium und Schönheit, wie man sich nur wünschen kann, und der größte Teil dieses Mysteriums liegt in den Konzepten, die außerhalb des vergleichsweise begrenzten Teils davon liegen, in dem Algorithmen und Berechnungen angesiedelt sind."
Roger Penrose
(The Emperor's New Mind, 1999, S.579; Übersetzung durch den Autor)

Dies ist der Himmel, die geistige Welt, auf die wir in Kapitel 7, wo es um die Bewusstseinserfahrung von Körper, Seele und Geist geht, erneut zu sprechen kommen werden.

Jetzt wollen wir uns nochmals aus einer etwas anderen, vertiefenden Betrachtungsweise ansehen, wie der ewige Himmel die Erde, den materiellen Kosmos, erschafft.

Tempelanlage in Tokyo

KAPITEL 6

DIE ERDE:
LOKALE SYMMETRIE ALS DER MATERILLE KOSMOS:
Warum und wie himmlisches Bewusstsein kreativ wird

Der Himmel ist dadurch charakterisiert, dass die beiden Level (das Gleichzeichen) – trotz ihrer Unterschiedlichkeit – mathematisch **gleich als 1 = 2** ausgedrückt werden können.

LEVEL #1 | 1 = 2 |
LEVEL #2 | 1 = 2 |

LEVEL #1: EWIGE LOKALE SYMMETRIE:

1 = 2, SPHÄRE DER ABSOLUTEN SYMMETRIE, DER EWIGEN EINHEIT

LEVEL #2: SICH ENTWICKELNDE LOKALE SYMMETRRIE:

1 = 2, SPHÄRE DER EWIGEN BEWEGUNG, DES ADDITIONALEN, DES MEHR

Was aber, wenn die Möglichkeit umgesetzt wird, welche die Unterscheidungen maximal hervorhebt. Ein Teil der Lokalen Symmetrie Gleichung, der zweite Level, ist das MEHR. Um dieses voll auszureizen, muss es einen Weg geben, dieses Mehr als maximale Darstellung der Unterscheidungen der zwei Level zu präsentieren.

Diese maximale Abbildung der Unterscheidungen kann, wie wir in Kapitel 4 bereits sahen, nur mathematisch vollzogen werden und muss zudem Lokale Symmetrie manifestieren.

DAS PLUS-ZEICHEN: der positiv-holistische, materielle Kosmos

Es gibt ein mathematisches Zeichen, welches dies darstellen kann. Wir haben es bereits kennengelernt. Es ist das Plus-Zeichen. Wie kann das Gleichzeichen in das Pluszeichen verwandelt werden?

Die Betonung der Unterscheidungen der zwei Ebenen erfolgt aus dem Ideenpool der zweiten Ebene, wo das Mehr beheimatet ist. Es geht also um eine dynamische Bewegung, welche die Unterscheidungen bis zum Äußersten umsetzt.

Dies geschieht dadurch, dass die Mehr-Energie der zweiten Ebene den ersten Level um 90 Grad dreht. Es gibt sogar eine mathematische Zahl, die etwas in die Senkrechte drehen kann. Diese Zahl heißt i, und i steht für imaginär.

Nach der erfolgten Drehung in die Senkrechte schneiden sich die beiden Dimensionen in einem Punkt, sind also weiterhin lokal-symmetrisch vereint, und zeigen durch die rechtwinklige Beziehung, dass die zwei Level „unterschiedlich“ sind. Dies ist das Plus-Zeichen.

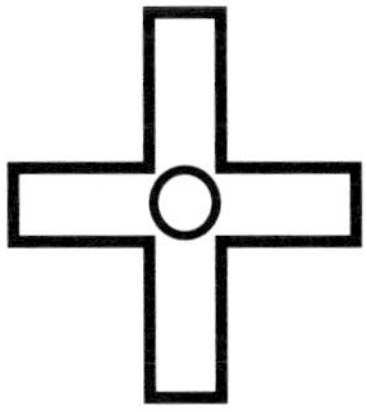

Das Plus-Zeichen ist mit dem Gleichzeichen total identisch, denn, wie bereits erläutert, das Plus-Zeichen umfasst alle beiden

Eigenschaftsräume der Lokalen Symmetrie Gleichung und der darin befindlichen drei essentiellen, mathematischen Grundkonzepte:

- Addiert (Eigenschaftsraum #1)
- und das Additionale und das Zusammenaddieren (Eigenschaftsraum #2).

Das Plus-Zeichen verdichtet die beiden Ebenen zu einem lokalsymmetrischen Punkt, der dann konkret mit hoher Energie aufgeladen ist. Dies stellt dann den Moment des Big Bang dar: aus einem winzigen Punkt, welcher die ganze Lokale Symmetrie Gleichung darstellt, entwickelt sich – basierend auf Lokaler Symmetrie – der gesamte Kosmos. Wie das von statten geht, haben wir in Kapitel 4 besprochen, wo die wissenschaftlichen Erkenntnisse als Ausdruck von Lokaler Symmetrie erläutert wurden.

MYTHOLOGISCHE DARSTELLUNGEN DER SCHÖPFUNG:
Die Drehung der oberen Sphäre um 90 Grad wurde in den alten Mythologien oft als der Fall, das Nach-Unten-Kommen des Göttlichen aus dem Himmel, in das Irdische, beschrieben.

Im alten Ägypten wurde dies vereinfacht so vermittelt: Das Geistige, Osiris (1), wird durch seinen „Widersacher" Seth (die 2 im Sinne des Maximierens von Mehr durch das rechtwinklige Achsenkreuz, das Plus-Zeichen) in das formelle Behältnis, die konkrete Form des Irdischen, den einschließenden Sarg, gelegt und dann später im materiellen Kosmos in unendlich vielen konkreten Teilen verstreut.

Osiris, das Geistige, weiß, was passiert und spielt freiwillig mit, denn es ist ja schließlich Teil der göttlichen Ganzheit, welche die geistige Welt manifestieren will.

Das Geistige ist in der materiellen Welt der Sinnestäuschung immer verborgen und muss vom Seelischen, der Isis (die 2 als der sich mit der 1, dem Geistigen, in Liebe befindende Ewigkeitsaspekt), wieder geistig erkannt werden.

Schöpfungsmythen beschreiben bildlich-allegorisch, symbolisch, was mathematisch in der geistigen Welt geschah. Das Wort „erzählen" deutet, wie erwähnt, an, dass die Wurzel Mathematik ist, also Lokale Symmetrie.

DER HOLOGRAPHISCHE KOSMOS:

Die Physikerin, Archäologin und Universalgelehrte, Jude Currivan, hat in ihrem Buch „*The Cosmic Hologramm (Das Kosmische Hologramm)*" eine sehr interessante Sichtweise präsentiert, die auch davon ausgeht, dass alles auf Bewusstsein und auf Information aufbaut. Basierend auf den Erkenntnissen von Physikern, wie Jacob Bekenstein, `t Hooft und anderen, argumentiert Currivan:

- Das Universum hat auf der kleinsten Ebene, der Planck-Skala, einen Pixelcharakter. Das heißt, auf jedem extremst kleinen Areal der Planck-Skala, befindet sich ein BIT.

- Am Anfang, als Gravitation und Quantenmechanik im kleinen Ausganspunkt eins waren, gab es genau ein BIT.

- Dieses BIT beinhaltet alle Gesetzmäßigkeiten, somit auch die Ausdehnung des Raumes, was bedeutet, dass immer mehr Information ins Spiel kommt, da es immer mehr kleinste 1-BIT-Areale gibt.

- Diese kleinsten, zweidimensionalen Raumareale mit dem einen Bit, sind die Grenze der Raumzeit. Dies hat zur Folge, dass sich von dieser zweidimensionalen Grenze der dreidimensionale Raum nach „innen" als Hologramm projiziert. Wir leben also in einem vierdimensionalen Raumzeit-Hologramm, indem alles vereint ist und auf einfachster mathematischer Information aufbaut.

„Unser Universum verwendet das einfachste Alphabet, das möglich ist und nur aus zwei Buchstaben besteht, den Nullen und Einsen digitalisierter Information, um seine universell bedeutungsvolle und informative Realität auszudrücken."
Jude Currivan
(The Story of Gaia, 2022, S.2; Übersetzung durch den Autor)

„Susskind und `t Hooft haben diese Idee auf das gesamte Universum übertragen, indem sie vorgeschlagen haben, dass alles, was im „Inneren" des Universums geschieht, lediglich eine Widerspiegelung von Daten und Gleichungen ist, die auf einer entfernten, begrenzenden Oberfläche definiert sind."
Brian Greene
(The Elegant Universe, 2003, S.411; Übersetzung durch den Autor)

„…Kosmologen beginnen, die Raumzeit als gepixelt auf der winzigen Planck-Skala zu betrachten, und wie der Raum statt unserer scheinbaren Erfahrung von drei Dimensionen stattdessen informativ als integrierte Raumzeit als zweidimensionale holografische Grenze dargestellt werden kann und wo jeder Planck-Skalenbereich ein Informations-Bit verkörpert.“
Jude Currivan
(The Cosmic Hologram, In-Formation at the Center of Creation, 2017, S.51; Übersetzung durch den Autor)

„…Kosmologen erkennen, dass unser gesamtes Universum Informationen, die auf seiner 2D-Grenze gespeichert sind, nimmt und sie holografisch projiziert, um das 3D-Erscheinungsbild der Realität zu erzeugen.“
Jude Currivan
(The Story of Gaia, 2022, p.269; Übersetzung durch den Autor)

Diese Sichtweise von Currivan hat viel gemeinsam mit den Konsequenzen, die sich aus Einsteins tiefer Erkenntnis, dass Lokale Symmetrie zentral im Kosmos ist, ergeben.

Was man speziell mithilfe der revolutionären Erkenntnis von Einstein sehr schön nachvollziehen kann ist Folgendes:

- Ein Bit, die grundlegende, zweigliedrige Einheit von Information, genügt, da dies Lokale Symmetrie ($1 = 2$) darstellt, in der Tat, um den gesamten Kosmos, so wie er bisher erforscht wurde, zu codieren.

- Wir können erkennen, wie die geistige Welt aufgebaut ist,

- Und wie es aufgrund der Struktur der geistigen Welt dazu kommt, dass daraus ein materieller Kosmos erzeugt wird.

- Nachvollziehbar wird auch, dass die Erschaffung von dem was wir Leben nennen mit in der Ur-Idee **1 = 2** beinhaltet ist.

„…im Kontext der Funktionsweise des Universums ist das Leben nichts Ungewöhnliches."
John Gribbin
(Deep Simplicity, 2004, S.247; Übersetzung durch den Autor)

Hier soll auch kurz erwähnt werden, dass es einen deutschen Physiker namens Burkhard Heim, welcher am Max-Planck-Institut in Göttingen wirkte, gab. Heim wählte einen Ansatz zur Beschreibung des Universums, der zwei geistige Dimensionen beinhaltet. Beschrieben wird, zum Beispiel in dem Buch *„Unsere 6 Dimensionale Welt"* des Astrophysikers Illobrand von Ludwiger, dass Heims Ansatz – welcher unter anderem von Einsteins Idee, Kraftfelder zu geometrisieren, inspiriert war – ermöglichen soll, auch die Massen der Teilchen zu berechnen (S.228 ff).

Auf jeden Fall zeigt sich, dass Lokale Symmetrie im Kosmos den Ton angibt und dadurch, da alles auf der einen Idee aufbaut, das gesamte Universum eine holistische, sich selbst-ähnlich selbst-organisierende Einheit ist.

DER QUANTENZUSTAND DES KOSMOS:

An dieser Stelle soll nochmals auf den Unterschied zwischen dem materiellen Aspekt und der spirituell-geistigen Ebene hingewiesen werden.

Der Quantenzustand des materiellen Kosmos umfasst, dass das Universum unendlich viele Alternativen gleichzeitig durchspielt. Quanten, auch in Form rein virtueller Teilchen, sind Bestand-**TEILE** der materiellen Sphäre. Dies ist die Sphäre des Plus-Zeichens.

Die rein geistig-mathematische Sphäre ist immateriell, ewig, nicht geteilt, sondern höchste Liebe und Einheit. Sie ist also über der materiellen Welt stehend angesiedelt. Dies ist die Sphäre des Gleichzeichens.

Beide Realitäten basieren auf Lokaler Symmetrie, sind daher identisch und fundamental eins miteinander. Dennoch sollten die „Unterschiede" klar sein, damit die beiden Welten nicht unsinnig verquirlt werden, was leider oft geschieht.

KAPITEL 7

LOKALE SYMMETRIE ALS BEWUSSTEINSERFAHRUNG:
Die Einheit von Körper, Seele, Geist – von Epigentik bis außerkörperliche Erfahrungen

„Es ist von größter Bedeutung, dass der breiten Öffentlichkeit die Möglichkeit gegeben wird, die Anstrengungen und Ergebnisse wissenschaftlicher Forschung bewusst und intelligent zu erleben."
(…) Die Beschränkung des Wissensbestands auf eine kleine Gruppe stumpft den philosophischen Geist eines Volkes ab und führt zu spiritueller Armut."
Albert Einstein
(From the foreword of September 10, 1948, to Lincoln Barnett's The Universe and Dr. Einstein; 2nd rev. ed. New York: Bantam, 1957; Übersetzung durch den Autor)

Dadurch, dass seit Jahrhunderten die wichtigen Erkenntnisse der

Physiker, beginnend mit Galileo Galilei, nicht in ihrer essentiellen und fundamentalen Tiefe begriffen wurden, liegt heutzutage, zu Beginn des 21. Jahrhunderts, so scheint es, vielfach eine hoch tragische, geistige Verarmung vor.

Alle Beschreibungen aus der Antike, welche die Ganzheitlichkeit der Realität zu erfassen suchten, waren eben dies: Versuche, welche immer wieder, gemäß den Möglichkeiten, erstaunliche Erkenntnisse generieren konnten – sei es mythologisch, religiös oder philosophisch. Gerade in der Philosophie geht es darum, ein ganzheitlich-systematisches Verständnis zu erlangen. Nicht um sonst wird von Physikern selbst die Physik als Fortsetzung der Philosophie bezeichnet, wie bereits erwähnt wurde.

Was macht nun die wissenschaftlichen Erkenntnisse der Physik – welche Einstein auf den Gipfel der Einsicht führte, als er aufdeckte, dass Lokale Symmetrie das primäre Prinzip der Natur, des Kosmos, ist – so besonders?!

Die Grunderkenntnis der Physik ist dank Einstein in erster Linie eins:

SCHÖN

Ferner ist die Einsicht über die zentrale Stellung der Lokalen Symmetrie:

- EINFACH
- POSITIV (also nicht leidvoll, bedrohlich und tragisch)
- HARMONISCH

Die Einsicht hinsichtlich des Primats der Lokalen Symmetrie hat keine Zweifel, dass Schönheit wesentlich ist und daher auch befreiend im Ganzen wirkt.

„Unsere Aufgabe muss es sein, uns aus diesem Gefängnis zu befreien, indem wir unseren Kreis des Mitgefühls erweitern, um alle Lebewesen und die gesamte Natur und ihre Schönheit einzubeziehen."
Albert Einstein
(zitiert in: Fundamentals by Frank Wilczek, 2021, S. 228)

Für moderne Mathematiker und Physiker zu Einsteins Zeit war klar, dass es um das bestmögliche Verstehen der zentralen Schönheit in der Natur geht:

„Diese Harmonie ist also die einzige objektive Realität, die einzige Wahrheit, die wir erreichen können; und wenn ich hinzufüge, dass die universelle Harmonie der Welt die Quelle aller Schönheit ist, wird klar, welchen Preis wir dem langsamen und schwierigen Fortschritt beimessen müssen, der es uns nach und nach ermöglicht, sie besser kennenzulernen."
Henri Poincaré
(The Foundations of Science; The Value of Science, S.99, 2022; Übersetzung durch den Autor)

Ganzheitliche Schönheit führt an die Wahrheit heran.

„Noethers Vorstellungen von Symmetrie und Naturgesetz verkörpern eines der konkretesten Beispiele für die Verbindung zwischen Wahrheit und Schönheit – eine Verbindung, die auf Verbundenheit aufbaut (…) Heute durchdringen Noethers Vorstellungen von Wahrheit die Physik."
K.C. Cole
(The Universe and the Teacup – The Mathematics of Truth and Beauty, 1997, S.184; Übersetzung durch den Autor)

Es mag daher nicht verwundern, wenn moderne Berichte über außerkörperliche Erfahrungen, Nahtoderfahrungen oder Nachtoderfahrungen von einer geistigen Ebene zeugen, die voll ist von:

LIEBE

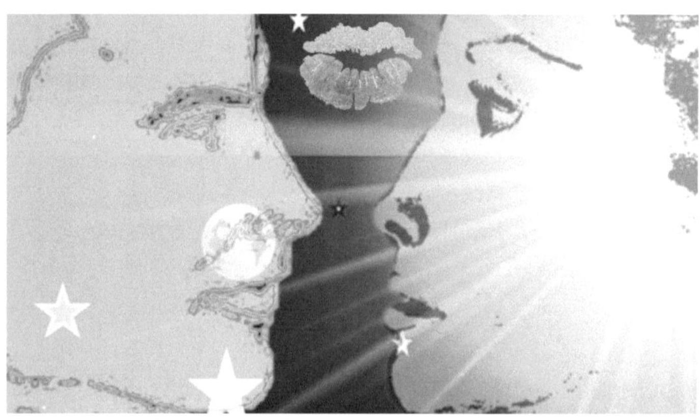

Der Neurochirurg, Dr. Alexander Eben, berichtet daher von seiner Nahtoderfahrung Folgendes:

„Liebe ist ohne Zweifel die Grundlage von allem (…) Dies ist die Realität der Realitäten (…), die im Kern von allem lebt und atmet (…) dies ist nicht nur die wichtigste emotionale Wahrheit im Universum, sondern auch die wichtigste wissenschaftliche Wahrheit."
Eben Alexander
(Proof of Heaven, 2012, S.71; Übersetzung durch den Autor)

Weitere Kernmerkmale von Schönheit sind in diesem Erfahrungskontext der geistigen Welt:

- FREUDE

- HUMOR

- HARMONIE

Die geistige Sphäre ist also bestimmt von optimistischer, liebevoller und humorvoller Schönheit. Die Physik hat mit der Lokalen Symmetrie exakt wissenschaftlich herausgearbeitet, dass dem so ist. Damit bestätigt die Physik dank Einstein das jahrtausendelange Ringen um das ganzheitliche Verständnis von Schönheit.

"Schon in der Antike gab es zwei Definitionen der Schönheit, die in einem gewissen Gegensatz zueinander standen. Die Kontroverse zwischen diesen beiden Definitionen hat in der Renaissance eine große Rolle gespielt. Die eine bezeichnet die Schönheit als die richtige Übereinstimmung der Teile miteinander und mit dem Ganzen. Die andere, auf Plotin zurückgehende, ohne jede Bezugnahme auf Teile, bezeichnet sie als das Durchleuchten des ewigen Glanzes des „Einen" durch die materielle Erscheinung."
Werner Heisenberg
(Schritte über Grenzen, Gesammelte Reden und Aufsätze, 1977, S.289)

„Die Schönheit hat also zu tun mit dem uralten Problem des „Einen" und des „Vielen", das – damals in engem Zusammenhang mit dem Problem von „Sein" und „Werden" – im Mittelpunkt der frühen griechischen Philosophie gestanden hat (…) die Wurzeln der exakten Naturwissenschaft [liegen] eben an dieser Stelle."
Werner Heisenberg
(Schritte über Grenzen, Gesammelte Reden und Aufsätze, 1977, S.290)

Einsteins Genie lag, wie schon erwähnt, darin, einerseits Schönheit sehr ernst zu nehmen, ernster als alle seine Kollegen zuvor, und andererseits konnte er darüberhinausgehend mittels der Lokalen Symmetrie aufzeigen, dass dieses primäre Naturprinzip sämtliche, oben genannten Aspekte der Schönheit vereint.

„Einstein (…) zog radikale Theorien aus den einfachsten Prinzipien und ließ sich von einem Sinn für Eleganz leiten (…) Die wichtigen Beobachtungen ließen sich seiner Meinung nach in ein paar Schlüsselprinzipien zusammenfassen. Das Tor zur Wahrheit war die Schönheit (…) Er ist eine Schlüsselfigur in der Geschichte der Symmetrie: Es war Einstein, vor allen anderen, der das Netz der Ereignisse in Gang setzte, welches die Mathematik der Symmetrie in grundlegende Physik verwandelte.“
Ian Stewart
(Why Beauty is Truth, 2007, S.173; Übersetzung durch den Autor)

„Betrachten Sie Ihr Studium niemals als eine Pflicht, sondern als eine beneidenswerte Gelegenheit, den befreienden Einfluss der Schönheit im Bereich des Geistes kennenzulernen, zu Ihrer persönlichen Freude und zum Nutzen der Gemeinschaft, zu der Ihre spätere Arbeit gehört.“
Albert Einstein
(zitiert in: Albert Einstein – The Human Side, 2013, herausgegeben von Helen Dukas & Banesh Hoffmann, S.56; Übersetzung durch den Autor)

„Man kann die Bedeutung der Idee der Invarianz in der modernen Wissenschaft kaum genug betonen (…) Als Physiker ist es unser Ziel, die invarianten Eigenschaften des Universums aufzudecken, denn diese führen uns, wie Noether gut wusste, zu echten und greifbaren Erkenntnissen. Die Identifizierung der invarianten Eigenschaften ist

jedoch alles andere als einfach, da die zugrunde liegende Einfachheit und Schönheit der Natur oft verborgen bleibt.“
Brian Cox & Jeff Forshaw
(Why does E=mc²?”, 2009, S.61; Übersetzung durch den Autor)

Mittels der modernen Physik konnte also der Schleier der materiellen Illusion gelüftet und ein bis dahin unerreicht umfassendes Verständnis der elementaren Bedeutung von ganzheitlicher Schönheit im Kosmos erzeugt werden.

Der Himmel ist also nicht bewohnt von einem drohenden Gott, vor dem der Mensch Angst haben muss. Ganz im Gegenteil, die geistige Welt ist neudeutsch schlicht COOL!

An dieser Stelle lohnt es sich, die „Unterschiede“ zwischen geistiger und materieller Ebene erneut vor Augen zu führen:

Die bereits im letzten Kapitel umrissenen Unterschiede zwischen der geistigen und der materiellen Realität können sehr schön nachvollzogen werden, wenn man sich Berichte von außerkörperlichen Reisen, Nahtod-Erlebnissen, oder Nachtod-Erfahrungen ansieht.

Dr. Eric Pearls Mutter verstarb bei seiner Geburt kurzzeitig, kehrte dann aber wieder zurück, konnte sich an Ihre Erlebnisse aus der reinen

Bewusstseinswelt erinnern und schrieb sie nieder. Ihr Sohn, Eric Pearl, der aufgrund dieser Erfahrung im Mutterleib über außergewöhnliche Heiler-Fähigkeiten verfügt, berichtet davon in seinem Buch „*The Reconnection*" in Kapitel 2.

Die Unterschiede zwischen geistiger und materieller Welt sind ganz offensichtlich:

- In der materiellen Welt ist der Mensch lokal an die Materie, wie seinen Körper, bewusstseinsmäßig gebunden und muss sich ständig, wenn nicht alles verwahrlosen soll, um zahllose materielle Aspekte kümmern.

„...ein Gefühl des allgemeinen Friedens, der Ruhe und der Abwesenheit weltlicher Verantwortung (...) keine Fristen einzuhalten, keine alltäglichen Aufgaben zu erledigen (...) keine Grenzen zu setzen."
Eric Pearl
(The Reconnection, 2001, S.11; Übersetzung durch den Autor)

- In der immateriellen, spirituellen Einheitssphäre des Bewusstseins der Liebe, ist alles eins und der Geist ist frei, nicht gebunden an die materiell-irdischen Einschränkungen (vielen, kleinen Hausarbeiten).

„...das Licht war viel mehr als nur ein Strahlen: Es war der Kern des Höchsten Wesens (...) das allwissende, alles verzehrende, alles

akzeptierende und alles liebende Licht.“
Eric Pearl
(The Reconnection, 2001, S.15; Übersetzung durch den Autor)

Das ist der simple Unterschied zwischen dem Himmel, dem Gleichzeichen, und der Erde, dem Pluszeichen. Der materielle Kosmos eröffnet andere, neue Erfahrungsmöglichkeiten und diese Lernerfahrungen bereichern das kosmische Selbst-Bewusstsein.

„Bewusstsein vereint alles (…) Das Spiel des Bewusstseins ist unendlich, aber es gibt eine Einheit, die das Spiel zusammenhält.“
Deepak Chopra
(Metahuman, 2019, S.337; Übersetzung durch den Autor)

Das irdische Dauerdrama der Menschheit ist selbstgemachte Verdummung oder fehlendes Verstehen und Verstehen-Wollen der Realität. Ansätze, wie die Menschheit als Ganzes Lokale Symmetrie in der materiellen Welt konstruktiv umsetzen kann, werden wir in Kapitel 8, zum Ende des Buches, besprechen.

Vergegenwärtigen wir uns nochmals, wie sich Lokale Symmetrie als die Einheit von Körper, Seele, Geist im Individuum verstehen lässt, und was das für Einsichten mit Blick auf die persönliche Umsetzung von Lokaler Symmetrie mit sich bringt:

Körper: *die materielle Verdichtung, die Lokale Symmetrie* *widerspiegelt.* Dies ist der Aspekt 1 aus der Gleichheitsbeziehung der Lokalen Symmetrie. In der materiellen Welt geht es daher um das Streben nach **ganzheitlicher Balance, 1 = 2.** Dies umfasst z.B.:

- Ernährung

- Atmung

- Ruhe

- Bewegung

- Soziale Beziehung

- Naturerfahrung

- Fortwährendes Lernen

- Ein ganzheitlich positives Umfeld erschaffen (Epigenetik)

Seele: *das sehnsuchtsvolle, emotionale und bewusste Streben nach Erkenntnis und Vereinigung mit dem großen, geheimnisvollen Ganzen.* Dies ist die Dynamik von Aspekt 1, dem Körper, über das Gleichzeichen in das große Mehr der Einzelteile, letztlich die Unendlichkeit, Aspekt 2, hinein. Seelenarbeit gibt diesem Streben nach **innerer Klarheit** Raum, z.B. durch:

- Meditation

- Studium von Mythologien, Symbolen

- Selbsterkenntnis, Sinnhaftigkeit des Lebens

- Körper-Seele-Geist verstehen lernen

- Verstehen der Essenz der Physik

„...ihre scheinbare Getrenntheit ist nur eine Auswirkung der Art und Weise, wie wir Formen unter den Bedingungen von Raum und Zeit erleben."
Joseph Campbell
(zitiert in: The Hero and the Perennial Journey Home in American Film von Susan Mackey-Kallis, 2001, S.213; Übersetzung durch den Autor)

„...der Prozess der Übersetzung von Informationen in die physische Realität, der buchstäblichen Umwandlung des Geistes in Materie. Emotionen sind die Verbindung zwischen Materie und Geist, sie pendeln zwischen beiden hin und her und beeinflussen beide."
Candace Pert
(Molecules of Emotion, 1997, S.189; Übersetzung durch den Autor)

Diese Wahrheit erfordert das Erkennen der Ewigkeit der

mathematisch-geistigen Ebene:

„Er [Platon] erkannte (…) die Natur dieser Offenbarungen [in Bezug auf Zahlen und geometrische Formen], dass sie sich durch rein logisches Denken entfalten, was uns mit wahren Beziehungen vertraut macht, deren Wahrheit nicht nur unanfechtbar, sondern offensichtlich für immer da ist (…) Eine mathematische Wahrheit ist zeitlos, sie entsteht nicht, wenn wir sie entdecken."
Erwin Schrödinger
(What is Life?, 2012, S.142; Übersetzung durch den Autor)

„Was ist dann (…) der Wert der Wissenschaft? (…) Sein Umfang, sein Ziel und sein Wert sind die gleichen wie bei jedem anderen Zweig des menschlichen Wissens. Nein, keines von ihnen allein, nur die Vereinigung aller von ihnen hat überhaupt irgendeine Tragweite oder einen Wert, und das ist einfach genug beschrieben: Es geht darum, dem Befehl der Delphi-Gottheit zu gehorchen, (…) sich selbst

kennenzulernen. (…) Das ist Wissenschaft, Lernen, Wissen, das ist
die wahre Quelle jedes spirituellen Strebens des Menschen."
Erwin Schrödinger
(Nature and the Greeks and Science and Humanism, 2014, S.108;
Übersetzung durch den Autor)

Geist: *systematisches Verstehen der ganzheitlichen Realität, welches
zurück an die immaterielle, geistige Welt anbindet.* Dies ist die
ganzheitliche Rückintegration von Aspekt 2 über das Gleichzeichen,
das Seelische, zu Aspekt 1, dem Körper, so dass in letzter Konsequenz
nur noch immaterielle Einheit, also fundamentale, **göttliche
Bewusstheit** wahrgenommen wird. Dies umfasst z.B.:

- Ein Bewusstsein über die ewige geistige Ebene entwickeln
- Systematisch verstehen, wie Lokale Symmetrie in der
  materiellen Realität konstruktiv umgesetzt werden kann,
  damit das geistige Prinzip sein unerschöpfliches Potential
  ganzheitlich entfaltet.

„...die volle Erfahrung des Paradoxons der beiden Welten in einer."
Joseph Campbell
(The Hero With a Thousand Faces, 2008, S.197; Übersetzung durch
den Autor)

„...Vielfalt ist nur scheinbar, in Wahrheit gibt es nur einen Geist."
Erwin Schrödinger
(What is Life? with Mind & Matter, 1967 S.129; Übersetzung durch
den Autor)

„...Du – und alle anderen bewussten Wesen als solche – sind alles in allem. Daher ist dieses Leben, das du lebst, nicht nur ein Teil der gesamten Existenz, sondern in gewissem Sinne das Ganze (…) Denn ewig und immer gibt es nur das Jetzt, ein und dasselbe Jetzt, die Gegenwart ist das Einzige, das kein Ende hat."
Erwin Schrödinger
(zitiert in: Quantum Questions, herausgegeben von Ken Wilber, 2001, S.98; Übersetzung durch den Autor)

„...das Universum ähnelt eher einem großen Gedanken als einer großen Maschine. Der Geist erscheint nicht länger als zufälliger Eindringling in das Reich der Materie (…), wir sollten ihn vielmehr als den Schöpfer und Herrscher des Reiches der Materie feiern."
James Jeans
(The Mysterious Universe, 2023, S.187; Übersetzung durch den Autor)

„Die mathematische Möglichkeit, dass Ihr Bewusstsein endet, ist Null."
Robert Lanza & Bob Berman
(Biocentrism, 2009, S.189; Übersetzung durch den Autor)

KREATIVITÄT

Dank Einstein wissen wir, dass Lokale Symmetrie Mathematik und Schönheit bedeutet und dies ist:

KREATIVITÄT

„Albert Einstein (...) brachte einen neuen Stil in das Denken über die Grundprinzipien der Natur ein. Für Einstein nimmt Schönheit in der spezifischen Form der Symmetrie ein Eigenleben an. Schönheit wird zum schöpferischen Prinzip."
Frank Wilczek
(A Beautiful Question, 2015, S.199; Übersetzung durch den Autor)

„Das eigentlich schöpferische Prinzip liegt in der Mathematik."
Albert Einstein
(Mein Weltbild, 2017, S.130)

Erinnern wir uns dabei auch, dass Gefühle ebenso zum Repertoire der Lokalen Symmetrie gehören, wie klares, rationales Denken.

„Jede Formel, die wir erschaffen, ist eine Formel der Liebe."
Edward Frenkel
(Love and Math, 2013, S.7; Übersetzung durch den Autor)

„Es ist ein herrliches Gefühl, die Einheit eines Komplexes von Phänomenen wahrzunehmen, die der direkten sinnlichen Beobachtung als getrennte Einheiten erscheinen."
Albert Einstein
(Brief an Marcel Grossman, 14. April 1901, Collected Papers, Bd. 1, Dok. 100; Übersetzung durch den Autor)

Dies erlaubt es uns, den menschlichen Erfahrungsreichtum entsprechend zu ordnen, was dazu beiträgt zu erkennen, wie die Themen *Körper, Seele, Geist* auf inspirierende Weise erfahrbar gemacht werden können.

Mathematik, da sie auf Lokaler Symmetrie aufbaut, ist:

KOSMOLOGIE:
Der Großteil des Buches wurde bisher der Kosmologie gewidmet, um zu zeigen, wie der Kosmos, die Natur, sich mittels der lokal-symmetrischen, dynamischen Naturgesetze (Beziehungsregeln) selbst-ähnlich selbstorganisieren kann.

DIE FANTASIEVOLLE BILDERWELT:

Der bekannte Physiker, Roger Penrose, hat uns deutlich gemacht, dass die ewige platonische Welt der Mathematik, die geistige Ebene, weit mehr ist als das Berechenbare mithilfe von Formeln. Da Lokale Symmetrie eine Einheit ist, die die Unendlichkeit beinhaltet, gibt es eben auch die Wahrnehmung von Ganzheiten, die nicht mehr berechnet und genau gemessen werden kann. Diese Ganzheiten sind dann die QUALITÄTEN.

„Das Ganze ist größer als die Summe seiner Einzelteile."
Aristoteles

Eine wunderbare Art sich in qualitativ-geordneter Weise der unendlichen Bilderwelt in der materiellen Welt anzunähern ist das Studium des Tierkreises und seiner zwölf Tierkreiszeichen, welche aus der Naturbetrachtung abgeleitete Qualitäten der Ganzheit, des höchst symmetrischen Naturkreislaufs, sind.

Der Kreis selbst ist reinste Mathematik und beinhaltet im Innern das Plus-Zeichen, das mittels seiner drei mathematischen Kernbegriffen 1) das ADDIERTE und 2) das ADDITIONALE und das ZUSAMMENADDIEREN eine konstante (das Addierte) sich bewegende (das Additionale) Krümmung (das Zusammenaddieren) als symmetrische Kreisbewegung umsetzen kann.

Das Pluszeichen teilt den Kreis, den Tierkreis, in vier Quadranten ein, welche vier Grundqualitäten darstellen. Diese vier Grundqualitäten, die Quadranten, werden dann gemäß **1 = 2** (1, 2, 3 und 1 + 2 = 3) in jeweils drei Tierkreiszeichen unterteilt. Diese 12 Tierkreiszeichen stellen dann systematisch geordnete Entwicklungsqualitäten, die Ur-Prinzipien, dar, welche dadurch die vielfältige Bilderwelt qualitativ kategorisieren.

Die 12 qualitativen Tierkreiszeichen auf dem Uhr-Turm, der Zytglogge, in Bern.

Sie befinden sich unter der Uhr mit dem Sonnen- und Mondzeiger, die die genaue Zeit misst (siehe Kapitel 1).

So steht z.B. das erste Tierkreiszeichen WIDDER für die Qualität „Impuls", „Anfang", „Mut". Basierend auf dieser Qualität können dann Bilder, Erscheinungen, wie „Mensch", „Tier", „Pflanze" in diese senkrechte Widder-Kategorie einsortiert werden.

GEISTIG: Schöpfungsimpuls

MENSCH: Pionier, Rennfahrer, Einzelgänger

KÖRPERTEIL: Stirn

DENKEN: Zukunftsorientiert, Erneuerer

GEFÜHL: Mut, Furchtlosigkeit

FILM: Abenteuer, der Held rettet allein die Welt

AUTO: Sportwagen, Geländewagen

KLEIDUNG: Sportbekleidung, Tracking-Bekleidung

FARBE: Rot

TIER: Widder, Wolf, Hund

PFLANZE: Kaktus mit spitzen Stacheln, scharfe Peperoni

WASSER: (heiße) Quelle

METAL: Eisen

BODEN: Wüste; karger, felsiger Boden

Die senkrechte Achse ist ja die Ebene der ewigen Symmetrie aus der himmlischen Sphäre. Das senkrechte Sehen ermöglicht es dem Menschen, zeitlose Seins-Qualitäten wahrzunehmen und sich so dem Geistigen anzunähern.

Interessant ist hierbei Folgendes: Die Bilder, die dem Tierkreiszeichen Widder qualitativ zugeordnet werden sind alle lokal-symmetrisch, denn alle Bilder haben die gleiche Qualität. Das heißt, das Tierkreiszeichen Widder ist ein Ausdruck von Lokaler Symmetrie.

Das nächste Tierkreiszeichen, Stier, ist ebenso lokal-symmetrisch konfiguriert, und alle weiteren 10 ebenso. Dies macht deutlich: obwohl jedes Tierkreiszeichen eine für die Sinne neue, unterschiedliche Qualität präsentiert, sind die 12 Qualitäten auf einer tiefen Ebene alle gleich, denn alles basiert auf Lokaler Symmetrie.

Über die qualitative, lokal-symmetrische Ordnung, welche der Tierkreis offenbart, wird ersichtlich, dass die Welt der scheinbaren Vielfalt auf fundamentalster Ebene Einheit, basierend auf Lokaler Symmetrie, ist. Trotz aller Bewegung, die wir mit unseren Sinnen glauben erkennen zu können, herrscht in Wirklichkeit ewige Ruhe und es tut sich sprichwörtlich nichts.

Also auch in der materiellen Realität sind wir ganz in der geistigen, ewigen Bewusstseinswelt, dem Urgrund von allem, eingebettet. Die 12 qualitativen Ur-Prinzipien des Tierkreises kommen aus dem Bewusstsein der einen Ur-Information der Lokalen Symmetrie.

In der Wissenschaft haben wir ebenso eine ewige, senkrechte Seins-Ebene durch Albert Einstein aufgezeigt bekommen. Es ist natürlich wieder das Grundprinzip, die Ur-Idee der Lokalen Symmetrie.

- Ihre rein mathematischen Eigenschaften, die sich in den lokal-symmetrischen, dynamischen Naturgesetzen zeigen, machen sowohl von der kleinen Ebene bis in die große Ebene, als auch vom Anfang des Kosmos bis heute alles lokal-symmetrisch.
- Lokale Symmetrie bringt viele qualitative, primäre Seins-Attribute, sogenannte Ur-Prinzipien, mit sich: Schönheit, Einfachheit, Ganzheit, Eleganz, Harmonie, Balance. In ihrer

Gesamtheit entsprechen diese Qualitäten dem numinosen, göttlichen, letzten Quadranten des Tierkreises – den letzten drei Zeichen, Steinbock, Wassermann und Fische –, der für die alles umfassende, göttliche Bewusstseinssphäre steht.

„Von Einstein ist hinlänglich bekannt, dass sein Denken sehr unkonventionell war und den gewohnten Rahmen des Wissenschaftlichen oft verließ. Häufig machte er Ausflüge in mystische Bereiche der Intuition und des Gefühls, und tatsächlich war er wohl im waagrechten wie im senkrechten Denken gleichermaßen bewandert, weshalb er oft auch nur halb verstanden wurde.“
Rüdiger Dahlke
(Das Senkrechte Weltbild, 1986, S.29)

„Durch Albert Einsteins Werk hat sich der Horizont der Menschheit unermesslich erweitert, gleichzeitig hat unser Weltbild durch Einsteins Werk eine nie zuvor geahnte Einheit und Harmonie erreicht.“
Niels Bohr
(The Internationalist, UNESCO Courier 2; No. 2, March 1949; Übersetzung durch den Autor)

„Einsteins Relativitätstheorie hat unsere Vorstellungen vom Aufbau des Kosmos einen Schritt weitergebracht. Es ist, als ob eine Mauer, die uns von der Wahrheit trennte, zusammengebrochen wäre. Dem forschenden Blick des Wissens eröffnen sich nun größere Weiten und größere Tiefen, von denen wir noch nicht einmal eine Ahnung hatten. Es hat uns dem Verständnis des Plans, der allen physischen Ereignissen zugrunde liegt, viel nähergebracht.“
Hermann Weyl
(Space—Time—Matter, 1922, S. xi; Übersetzung durch den Autor)

Die waagrechte, horizontale Ebene in der Welt ist die reine Aktionsebene, in der sich Dinge in Raum und Zeit ereignen. Auch hier gibt es Kategorien, wie „Mensch", „Tier", etc. Doch die senkrecht-qualitativ-zeitlose Betrachtungsweise fehlt. Daher ist die Realitätserfahrung dann auch unvollständig und nicht voll holistisch. Der Mensch, ohne die Erkenntnis der spirituellen Grundlage von allem, verliert sich dann in der materiellen Illusion.

Die Kreisdynamik der Natur zeigt sich nicht nur in den unzähligen Metabolismen des Lebens, sondern fungiert auch als Grundlage für z.B. symmetrische Filmhandlungen. Dies sind Geschichten, die einen Entwicklungszyklus vollständig durchlaufen. Meistens gelingt so etwas in Filmen, die auf wahren Ereignissen oder dem Leben realer Personen basieren. Denn den Kreislauf korrekt in einer fiktiven Story genau nachzubilden ist nicht ganz einfach. Ein Film, der, unabhängig vom Genre, einen vollständigen, symmetrischen Entwicklungszyklus nachbildet, führt den Zuschauer dann an die wunderschöne geistige Lokale Symmetrie heran, da ein solcher Film in der Lage ist zu zeigen, dass RUHE = BEWEGUNG.

Ein Film, der dies besonders gut meistert, ist die romantische Komödie „*Pretty Woman*". Der Film „*Bridge of Spies*" von Steven Spielberg, der auf wahren Begebenheiten aufbaut, präsentiert ebenso einen vollständigen, symmetrischen Entwicklungszyklus.

ENERGIESYSTEME:

Da Lokale Symmetrie voll von unerschöpflicher Energie ist, lohnt es sich, mit energetischen Systemen vertraut zu machen. Dazu zählen

- am Menschen
  - die Chakras
  - die Meridiane
  - die Aura
- allgemein z.B.:
  - Yin und Yang
  - die chinesische 5-Elemente-Lehre
  - Feng Shui

SPIRITUELLE SYSTEME:

Da Lokale Symmetrie sowohl die Schöpfung veranlasst als auch den Rückweg ins Geistige bereitstellt, kann es sehr erhebend sein, spirituelle Systeme zu studieren, wie z.B.:

- Kabbalah
- Die 22 Buchstaben des hebräischen Alphabets. Der erste Buchstabe des Alphabets, Aleph (א), besteht aus zwei Tropfen, welche durch das Zeichen Wav in der Mitte, das für „und" steht, verbunden sind. Aleph repräsentiert also die Lokale Symmetrie von $1 = 2$.
- Mathematik in Verbindung mit Physik: Mathematik ist die abstrakteste Sprache, die dem Menschen am klarsten mithilfe

der wissenschaftlichen Erkenntnisse aus der Physik das kosmische Ur-prinzip der Lokalen Symmetrie enthüllen und verständlich machen kann. Darauf verweisen die großen Mathematiker und Physiker seit vielen Jahrhunderten, letztlich Jahrtausenden, wenn man sich an Pythagoras und Plato erinnert, die Mathematik und symmetrische Einheit als Grundlegend im Kosmos erachteten.

„Ein Verständnis der Natur der Symmetrie ist für ein richtiges Verständnis der Kabbala unerlässlich. Tatsächlich kann man sagen, dass das Verständnis der Symmetrie das Verständnis der Funktionsweise der Natur selbst bedeutet. Alles strebt nach Symmetrie."
Rav Berg
(Kabbalah for the Layman, 2012, S.196; Übersetzung durch den Autor)

„Von der höchsten Welt, Azilut, bis zur physischen, materiellen Welt, die Asiyah genannt wird, sind die Formen in jedem Detail und jeder Manifestation absolut gleich."
Rav Yehuda Ashlag
(The Wisdom of Truth, 2008, S.103; Übersetzung durch den Autor)

"Ein einziges Beziehungsgefüge, das viele Geist oder Liebe nennen. Die Liebe ist das, was für mich am besten zum Ausdruck bringt, was wir als „alles miteinander zusammenhängend" empfinden, und zwar in der sich ständig wandelnden Form eines geistig-lebendigen Kosmos und auf eine Weise, wie wir sie individuell unmittelbar durch Empathie erleben."
Hans-Peter Dürr
(Geist, Kosmos und Physik, 2011, S.81)

Zum Abschluss dieses Kapitels lohnt es sich, noch Folgendes bewusst zu machen. Wie in vorausgehenden Kapiteln erläutert wurde, stellt die senkrechte Dimension im materiellen Plus-Zeichen die total symmetrische Ebene des Gleichzeichens aus der geistigen Welt dar. In ihrer vertikalen Position manifestiert sich die Ewigkeit des Gleichheitslevels in Form des höchst symmetrischen Kreislaufes, und zwar als Dynamik, die in dem lokal-symmetrischen Schnittpunkt der zwei Achsen des materiellen Plus-Zeichens stattfindet. Dieser Punkt präsentiert die Verdichtung, welche wir Materie nennen. Diese lokal-symmetrische Materieeinheit beinhaltet die Kreislaufdynamik. Kreisläufe sind Zyklen. Dies ergibt das Zählen, die Zeitzyklen, die Schwingung.

Physiker haben daher festgestellt, dass es die konkrete Materie gar nicht gibt. Analysiert man die allerkleinsten Materieteilchen, dann bleibt zum Schluss nur energetische Schwingung, ein Schwingungsmuster, übrig. Die Stringtheorie hat dies als grundlegenden, vibrierenden String geometrisiert.

„...es gibt die Materie im Grunde nicht mehr. Es gibt letzten Endes nur noch eine Art Schwingung."
Hans-Peter Dürr
(Geist, Kosmos und Physik, 2011, S.62)

Diese Schwingung ist begründet aus der ewigen, geistigen Bewusstseinsebene von allem mit ihrer Ur-Information der Lokalen

Symmetrie.

In der sogenannten materiellen Welt offenbart sich dem nach ganzheitlicher Erkenntnis strebenden Menschen die spirituelle Grundlage des Seins stets aufs Neue in wunderbarster und geheimnisvoller Weise.

KAPITEL 8

LOKALE SYMMETRIE UND DIE KONSEQUENZEN FÜR DIE MENSCHHEIT:
Aktuelle Gefahren und konstruktive Konzepte – vom gefährlichen Globalismus bis hin zur ganzheitlichen, regenerativen, lokalen Landwirtschaft

„Der platonische Essentialismus erlebt ein Comeback (...) Der Essentialismus des 21. Jahrhunderts ist jedoch viel reicher als Platons Welt einfacher geometrischer Formen."
Andreas Wagner
(Arrival of the Fittest, 2015, S.34; Übersetzung durch den Autor)

Beginnen wir das letzte Kapitel wieder im Himmel, in der geistig-ewigen Bewusstseinswelt. Um materiell zu werden, dreht sich die obere Dimension der absoluten Symmetrie des himmlischen Gleichzeichens in die Senkrechte und schneidet die waagrechte, zweite Ebene, die Dimension der Bewegung, des Mehrs, der Unendlichkeit, in dem lokal-symmetrischen Einheitspunkt.

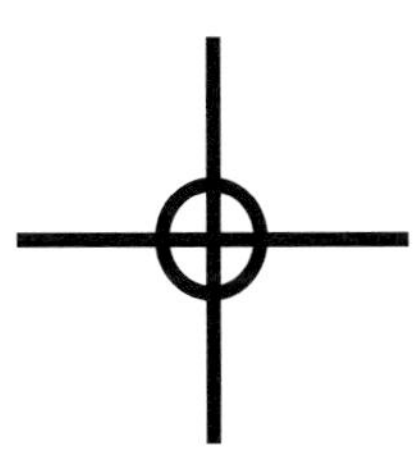

Dieser magische lokal-symmetrische Einheitspunkt beinhaltet damit beide Eigenschaftsräume:

- Eigenschaftsraum #1: Konstanz, Stabilität, Einheit, Klein-Sein
- Eigenschaftsraum #2: Unendlichkeit, Komplexität, Vielfältigkeit

„Ich behaupte, das Leben ist nicht einfach entstanden, sondern komplex und ganz, und ist seitdem komplex und ganz geblieben (...) Leben – komplex, ganz, entstehend – ist schließlich einfach, ein natürliches Ergebnis der Welt, in der wir leben. (...) Leben entsteht als natürlicher Phasenübergang in komplexen chemischen Systemen."
Stuart Kauffman
(At Home in the Universe, 1995, S. 47-48; Übersetzung durch den Autor)

Interessant ist, dass dieser kleine Symmetrie-Punkt letztlich unendlich viel Information beinhalten muss. Geht das?

Die Antwort ist ja. Ein vieldimensionaler mathematischer Raum kann auf allerkleinster Ebene unendlich viel Information speichern. Dieser immaterielle Ideen-Raum ist dann überall anzutreffen. Gibt es so einen Raum?

Auch hier ist die Antwort ja. Der mathematische Biologe, Andreas Wagner, von der ETH Zürich konnte dies mit seinem Team nachweisen und hat darüber in seinem Buch *„Arrival oft he Fittest"* berichtet.

Es gibt einen rein mathematischen, vieldimensionalen Hyperraum, in dem Myriaden an Informationen, sogenannte Genotyp-Texte, gespeichert sind. Diese Genotyp-Texte bieten Variationen für Gen-Einheiten an, die – trotz ihrer hohen Variabilität – konstant einen Phänotyp bei Organismen erzeugen. Der Begriff Phänotyp bezeichnet Eigenschaften von Organismen, wie Metabolismen, Augen, Federn, etc.

„...Einfachheit und Eleganz (...) sie verbergen sich unter der sichtbaren Welt. Das Grundprinzip dahinter ist die Einfachheit selbst: Mit einer begrenzten Anzahl von Bausteinen, die auf begrenzte Weise verbunden sind, kann man eine ganze Welt erschaffen."
Andreas Wagner
(Arrival of the Fittest, 2015, S.215; Übersetzung durch den Autor)

Die Organismen auf Planet Erde haben überall Zugang zu dieser faszinierenden, lokal-symmetrischen Bibliothek im immateriellen, mathematischen Hyperraum, der geistigen Welt. Wir wissen ja, dass Mathematik ein, wenn auch nicht der größte Teil, der platonischen Welt ist.

Dieser Hyperraum basiert auf Stabilität/Robustheit (1) und Komplexität (2) und bildet damit die Lokale Symmetrie Gleichung nach. Dadurch wird die ewige Idee der Lokalen Symmetrie auch in die materielle Realität aktiv eingebracht.

„... die Mathematik der Biologie hat uns gezeigt, dass sich diese

Bibliotheken [genotypischer Texte] nach einem einfachen Prinzip selbst organisieren, so einfach wie die Gravitation, die dabei hilft, diffuse Materie in riesige Galaxien zu formen. Dieses Prinzip – dass Organismen robust sind, eine Folge der Komplexität, die ihnen hilft, in einer sich verändernden Welt zu überleben – bringt die komplexe Organisation dieser riesigen Bibliotheken hervor."
Andreas Wagner
(Arrival of the Fittest, 2015, S.219; Übersetzung durch den Autor)

ELEKTROMAGNETISMUS: DIE ENERGIEVERSORGUNG ALLER LEBENWESEN

Elektromagnetismus zeichnet sich dadurch aus, dass seine beiden Felder eine rechtwinklige Beziehung haben. Rechtwinklig heißt maximales MEHR, und Mehr beinhaltet mindestens zwei Aspekte, wie die zwei senkrecht zueinanderstehenden Felder, die sich als Welle ausbreiten. Dort, wo sich die Wellen auf der x-Achse schneiden entstehen Punke. Jeder Punkt, da es um MEHR geht, steht für ZWEI Einheiten. Jeder Punkt symbolisiert also sowohl #1 als auch #2 und der nächste Punkt wieder.

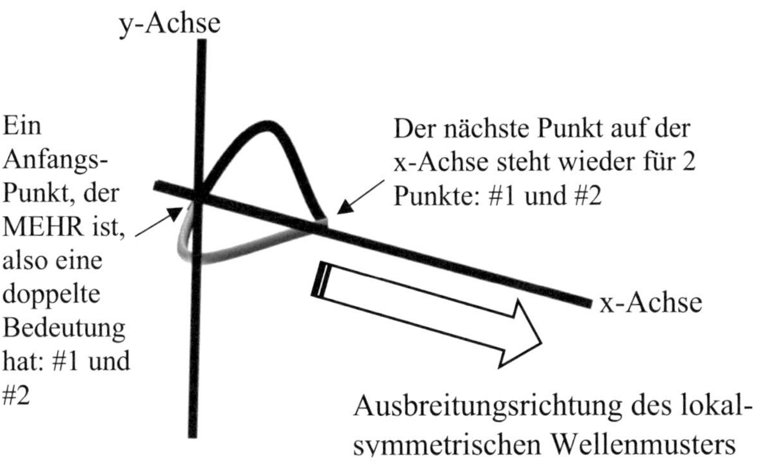

Das heißt, die senkrecht zueinanderstehenden Wellen können sich sowohl von **1 nach 2** als auch von **2 nach 1** vorwärts ausdehnen. Dies entspricht der hohen Selbstbewusstheit, welche der Lokalen Symmetrie Gleichung innenwohnt.

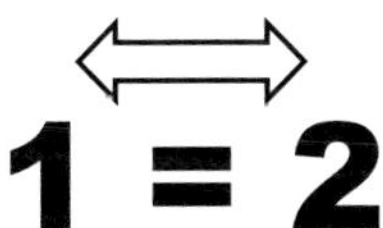

Durch seine Maximierung des MEHR stellt Elektromagnetismus eine lokal-symmetrisch strukturierte hohe Selbstbewusstseins-Dynamik dar. Daher ist es nicht verwunderlich, wenn Leben, welches sich durch maximiertes Selbstbewusstsein auszeichnet, auf diese Energieform (und nicht z.B. auf Gravitation oder Nuklearkräfte)

zurückgreift.

Aus den vorherigen Diskussionen zu den Fermionen wissen wir, dass Elektronen MEHR darstellen. Es sind jene Elektronen, welche die von außen kommende Energie – sei es im Essen oder über das Sonnenlicht bei den Pflanzen – stufenweise abgeben, um mittels der dadurch erzeugten Bewegungen von Molekülen positiv geladene Protonen in Zellen zusammenzubringen – gleich einer geladenen Batterie. MEHR ADDIERTE SICH ZUSAMMEN, indem die Protonen, welche, wie wir wissen, für EINHEIT stehen, zu einer Einheit in den Zellen gemacht wurden. Da Fermionen, wie die Protonen, MEHR sein wollen, und sich gegenseitig aufgrund ihrer elektrisch gleichen Ladung abstoßen, können die Protonen von den Zellen frei gelassen werden und verströmen sich. Dies ist **1 (Einheit) = 2 (Mehr-Sein-Wollen)** in Bewegung. Diese Bewegungs-Energie wird von rotierenden „Zellturbinen" genutzt, um die chemische Verbindung ATP zu generieren, welche gespeicherte Energie überall im Körper für unterschiedliche Aufgaben zur Verfügung stellen kann. In Kreisläufen kann mithilfe der durch die Elektronen und Protonen gelieferten Energie immer wieder neu ATP aus den Grundbauteilen erzeugt werden. Kreisläufe sind Ausdruck für intelligente, lokal-symmetrische Dynamik.

„Dies ist der universelle Mechanismus, der alles Leben antreibt. Dies

ist der einzigartige Energiepfad, der jeder unserer Handlungen und jedem unserer Gedanken zugrunde liegt."
Brian Greene
(Until the End of Time, 2021, S.95; Übersetzung durch den Autor)

„Das allgemeinere Verständnis der Entstehung von Komplexität aus Einfachheit, einem wesentlichen Merkmal adaptiver, sich entwickelnder Systeme, ist einer der Grundpfeiler der neuen Wissenschaft der Komplexität."
Geoffrey West
(Scale, 2017, S.81; Übersetzung durch den Autor)

„… wir sind nicht nur eng mit dem gesamten Leben verbunden, sondern mit der gesamten physischen Welt um uns herum."
Geoffrey West
(Scale, 2017, S.117; Übersetzung durch den Autor)

Es mag daher auch nicht verwundern, wenn kleinste Lebewesen, die Einzeller (Prokaryonten), in der Lage sind, wertvollen Humus zu produzieren, sich also für die Umsetzung des lokal-symmetrischen Nährstoffkreislaufes der Natur stark zu machen.

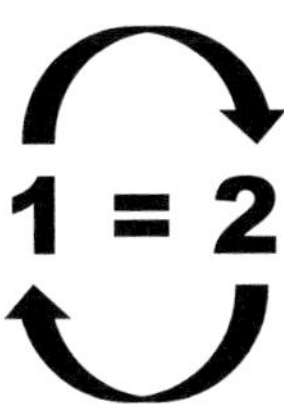

„Auf die Mikroben kommt es beim Boden an (…) Prokaryonten sind die frühesten nachgewiesenen zellulären Lebewesen der

Evolutionsgeschichte, also bestimmte Einzeller, die einen besonders
huminstoffhaltigen Kompost erzeugen…“
Benedikt Bösel
(Rebellen der Erde, 2023, S.124)

Wie in dem Buch „*Rebellen der Erde*“ weiter ausgeführt wird,
schulen diese Mikroben die Fotosynthesebakterien. Gemäß **1 = 2**
kommt es zu einem interaktiven lokalen Beziehungsgeflecht, das sich
unendlich oft fortsetzen und ausbreiten kann. Aus lokal wird global;
aber eben NICHT anders herum.

EPIGENTIK:

Da sich aus dem himmlischen Bereich der ewigen Ideen die Lokale
Symmetrie Gleichung **1 = 2** im Kleinen in die materielle Realität
einbringt, kann – da Eigenschaftsraum #2 für groß und unendlich steht
– das Leben (das Kleine, #1) sich mit dem großen Ganzen, der
Umwelt (#2), als eine Einheit in einem Beziehungsnetzwerk sehen.

Genau dies hat die Epigenetik, wie gesagt, wissenschaftlich
nachgewiesen. Die Genaktivierung hängt im Wesentlichen von den
Umweltsignalen (inklusive der eigenen Gedanken) ab. Dies macht
erneut das Primat des Geistigen deutlich. Da Lokale Symmetrie
ganzheitlich positiv ist, wie auch das materielle Plus-Zeichen
verdeutlicht, ist es nicht verwunderlich, wenn positive, liebende
Signale für das gesunde Gedeihen von Organismen wichtig sind.

Anders herum: Toxische, negative Signale, die unharmonisch
und verbindungstrennend wirken, erzeugen schädlichen Dysstress.

Der Epigenetik-Pionier und Entwicklungsbiologe, Dr. Bruce Lipton, hat in seinem bahnbrechenden Buch „*Intelligente Zellen*" hierzu wegweisende Erkenntnisse zusammengefasst. Gleiches gilt für die Neurowissenschaftlerin und Pharmakologin, Dr. Candace Pert, und ihr grundlegendes Buch „*Molecules of Emotion*".

DER GOLDENE SCHNITT & DIE FIBONACCI ZAHLEN

Auch der goldene Schnitt, ebenso wie die Fibonacci Zahlen, setzen die Lokale Symmetrie Gleichung **1 = 2** um. Das Größenverhältnis des Goldenen Schnitts und der Fibonacci Zahlen taucht vielfach in der Natur auf und ist häufig in Kunst und Architektur anzutreffen.

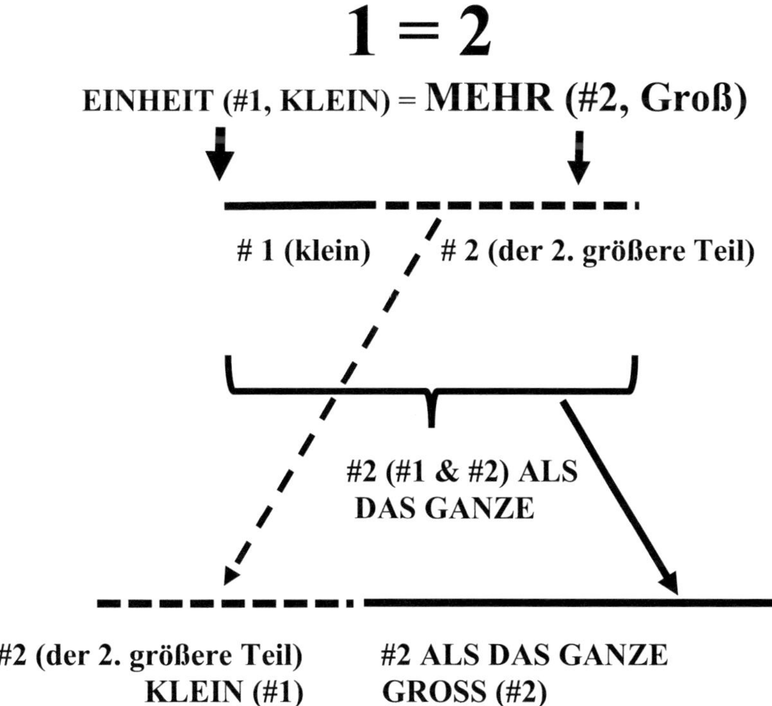

- EINHEIT ist der Kleine Teil #1.

- MEHR ist der größere Teil #2.

- Nummer 2 kann gleichzeitig auch zwei Aspekte (#1 & #2) sein: das GANZE (#1 & #2 zusammengenommen).

- Daher ist Nummer 2 sowohl der 2. GRÖSSERE ASPEKT (MEHR) und das GANZE (#1 & #2 zusammen).

- Dies erzeugt die Beziehung des Goldenen Schnitts: Nummer 2 als der 2. GRÖSSERE TEIL (MEHR) und Nummer 2 als das GANZE (#1 & #2 zusammen). Diese beiden Teile erzeugen dann das Verhältnis, welches der KLEINE TEIL (#1) und der GROSSE TEIL (#2) zeigen.

Es wird ersichtlich, dass der Goldene Schnitt als Beziehungsstruktur – deren Größenverhältnis, dargestellt durch die Phi-Zahl 1.618, mit dem der Fibonacci-Zahlen zusammenfällt – von der strukturierten Systematik der Lokalen Symmetrie unterlegt ist.

„Die Botanik ist nicht der einzige Ort in der Natur, wo der Goldene Schnitt und die Fibonacci Zahlen zu finden sind. Sie treten in Phänomenen auf, deren Größenbereich vom mikroskopisch Kleinen bis hin zu riesigen Galaxien reicht."
Mario Livio
(The Golden Ratio, 2002, S.114; Übersetzung durch den Autor)

SYNTROPISCHE LANDWIRTSCHAFT:

Es wird schnell deutlich, dass die Grundlage jeglicher Zivilisation einen achtsamen Umgang mit dem Boden und seinen Myriaden von

Mikroben erfordert, da sich bereits dort das Prinzip der Lokalen Symmetrie deutlich und auf wundervolle Weise entfaltet.

Ein sehr beeindruckendes Beispiel kommt aus Deutschland: das Gut Bösel in Brandenburg, welches auf sehr inspirierende und eindrückliche Weise in dem Buch „*Rebellen der Erde*" von Benedikt Bösel beschrieben wird. Hier wird vielfältig Lokale Symmetrie positiv-holistisch eingesetzt: das fängt bei der Bodenpflege und der Herstellung von wertvollem Kompost an und geht bis hin zu exakten wissenschaftlichen Studien, die belegen, wie in der Natur lokale Beziehungssysteme optimal funktionieren. Das ganzheitliche Agroforst-Konzept umfasst nicht nur Pflanzen, inklusive des Waldes, und Tiere, sondern auch Technik auf intelligente, systemisch-dienliche Weise.

Wie Albert Einstein, der durch seine bahnbrechende Arbeit auf die strahlende Schönheit, Einfachheit und Harmonie im Kosmos, in der Natur, aufmerksam wurde, so sieht auch Benedikt Bösel diese Eleganz und Ästhetik in der Natur. Bösel beschreibt seine Eindrücke bezüglich der wundervollen Wirkung des Agroforst-Ansatzes, der auf Ernst Götsch zurückgeht, wie folgt:

„…Agroforst (…) Ich war auch von seiner Ästhetik sehr angetan. Agroforstsysteme sind eine wahnsinnig schöne Form, den Naturraum mitzugestalten.“
Benedikt Bösel
(Rebellen der Erde, 2023, S.80)

Regelmäßig wird von Benedikt Bösel und seinem Team die Natur auf dem Gut beobachtet, um erkennen zu können, welche ökologischen Systeme gut harmonieren und zusammenspielen, oder wo ein konstruktives, das lokale System optimierendes Mitwirken des Menschen angebracht ist.

So schrieb schon der bekannte Physiker, Werner Heisenberg:

„…, dass man beim Suchen nach der Harmonie im Leben niemals vergessen darf, dass wir im Schauspiel des Lebens gleichzeitig Zuschauer und Mitspielende sind.“
Werner Heisenberg
(Quantentheorie und Philosophie, 1979, S.60-61)

Es zeigt sich auch bei der Klimafrage, dass es nicht um einen Top-Down-Lösungs-Ansatz geht, sondern, gemäß dem zentralen Prinzip der Lokalen Symmetrie, um Zusammenarbeit. Der bekannte, britische Physiker, Simon Clark, deutet in seinem umfassenden Buch *„Firmanent – The Hidden Science of Weather, Climate Change, and the Air that Surrounds Us"* darauf hin, dass globale Symmetrie, also eine global-zentralistische Steuerung, nicht der Schlüssel zum Erfolg bei Problemlösungen ist, sondern Kooperation, welche, wie wir gesehen haben, auf der einzigen, objektiven Realität im Kosmos, dem natürlichen Beziehungsprinzip, das die Lokale Symmetrie vorgibt, basiert.

„Im Gegensatz zu dem, was viele glauben, erfordert die Bekämpfung des Klimawandels nicht, dass ein globaler Staat polizeimäßig überwacht, was wir tun können und was nicht (…). Eine umfassendere Gesetzgebung zur Förderung erneuerbarer Energien, zur Abkehr von der Nutzung fossiler Brennstoffe und zur Einforderung größerer Energieeffizienz, ist auf jeden Fall notwendig. Dies muss jedoch nicht von einer distanzierten globalen Zentralregierung wie den Vereinten Nationen ausgehen. Dieses Problem erfordert Zusammenarbeit, nicht Einheit.“
Simon Clark
(Firmanent, 2022, S.187; Übersetzung durch den Autor)

Wie auch immer der Energiemix in der Zukunft aussehen wird, langfristig konstruktive Ergebnisse können nur unter Beachtung der holistischen Merkmale von Lokaler Symmetrie erreicht werden.

Andere inspirierende, natur-positive, lokal-symmetrische Beispiele zeigt uns Dr. Vandana Viva, Autorin des Buches „*Soil not Oil*“ auf, welche 2023 auch den Report „*Regeneration is Life*“ präsentierte. Weitere wegweisende Ansätze finden sich in Ägypten bei der SEKEM Initiative, die unter anderem vielen Kleinbauern hilft, sich auf bio-dynamische Landwirtschaft umzustellen. In dem Wirken von Gabe Brown in den USA, oder von Charles Massy in Australien, trifft man auf weitere lokal-symmetrische Vorbild-Projekte in Sachen regenerative Landwirtschaft.

„Wir sollten uns darauf spezialisieren, wie wir hier vor Ort die Nährstoffkreisläufe schließen und eine dezentrale Versorgung gewährleisten können.“
Benedikt Bösel
(Rebellen der Erde, 2023, S.231)

„Die Prämisse des ganzheitlichen Managements ist, dass die Natur als Ganzes funktioniert.“
Gabe Brown
(Dirt to Soil, 2018, S.36; Übersetzung durch den Autor)

„Der einzige Weg, den Kopf für die Steuerung komplexer kreativer Systeme zu schärfen, ist ganzheitliches, flexibles und offenes Denken.“
Charles Massy
(Call of the Reed Warbler, 2017, S.338; Übersetzung durch den Autor)

NEIN ZU TOP-DOWN GLOBALISMUS:

Es braucht keiner langen Ausführungen mehr, um erkennen zu können, dass ein zentralistischer, top-down Globalismus, der für globale Symmetrie steht, nicht mit dem geistig-materiellen Grundprinzip der Lokalen Symmetrie vereinbar ist. Dr. Vandana Viva, wie viele andere ganzheitlich denkende Individuen, erläutert seit vielen Jahren, was dieser unnatürliche und geistlose Globalismus für negative Konsequenzen für Mensch und Planet hat. Mensch und Natur entfernen sich immer mehr voneinander, warnt Vandana Viva in dem Video, das den Bericht „*Regeneration is Life*" vorstellt.

Selbst die Gründungsväter der USA hatten Bedenken gegen Monopole, also Globale Symmetrie. (vgl. Thomas Jefferson to James Madison. 31 July 1788 *Papers 13:442—43,* CHAPTER 14|Document 46. *The Papers of Thomas Jefferson.* Edited by Julian P. Boyd et al. Princeton: Princeton University Press, 1950.)

Der Physiker und Nobelpreisträger, Frank Wilczek, erläutert in aller Klarheit, dass in der Natur Lokale Symmetrie – und nicht globale Symmetrie – das Design und die Entwicklung des Kosmos bestimmt.

„Diese physikalisch natürliche Version der Symmetrie wird lokale Symmetrie genannt. Lokale Symmetrie ist eine viel größere Annahme als die alternative, globale Symmetrie. Denn lokale Symmetrie ist eine enorme Ansammlung separater Symmetrien – grob gesagt eine separate Symmetrie für jeden Raum- und Zeitpunkt. Jeder Ort und Zeitpunkt definiert daher seine eigene Symmetrie (…) Da die lokale Symmetrie eine viel größere Annahme ist als die globale Symmetrie, erlegt sie den Gleichungen oder, mit anderen Worten, der Form der physikalischen Gesetze mehr Einschränkungen auf."
Frank Wilczek
(The Lightness of Being, 2010, S.70; Übersetzung durch den Autor)

Dass globale Symmetrie im Kosmos nicht funktionieren kann, zeigt sich schon daran, dass die konstante (lokal-symmetrische) Lichtgeschwindigkeit, die Geschwindigkeit – als zentrales, alles vereinendes dynamisches Naturgesetz – für Informationsübertragung durch den leeren Raum, begrenzt ist. Dies wiederum bedeutet, dass aus einer global-zentralen Position heraus keine effektive und effiziente Prozesssteuerung (Kybernetik) möglich ist, da man nie gleichzeitig überall sein kann.

„Bei der globalen Symmetrie muss man überall und jederzeit den gleichen Wechsel vornehmen, und statt unendlich vieler unabhängiger Symmetrien hat man nur eine Gleichschrittversion."
Frank Wilczek
(The Lightness of Being, 2010, S.70; Übersetzung durch den Autor)

Auch Albert Einstein warnte immer wieder sehr deutlich vor den Folgen von globaler Symmetrie, z.B. in seinen Aufsätzen, die in dem Buch „*Aus Meinen Späten Jahren*" zusammengestellt wurden: sei es vor der Herrschaft einer kleinen Clique, die die Mehrheit der Menschen versklaven kann (siehe Kapitel *Juden und Judentum*, §2 *Antisemitismus*, S. 239ff), oder durch Militarismus (siehe Kapitel *Krieg oder Frieden*, S. 133ff), der die Achtung vor dem Individuum – der Mensch sinkt auf das Niveau eines reinen Zweckmittels, Menschenmaterials herab (S.139) – und damit die Menschlichkeit zerstört.

Dies entspricht im Kern den Naturrechts-Ansichten des bekannten Rechtsanwalts, Heinrich Rommen, der vor den Nazis in die USA floh und in seinem Buch „*Die ewige Wiederkehr des Naturrechts*" davor warnt, dass der Mensch nicht zur Sache, bzw. zum Material, gemacht werden dürfe (S.214, 233, 235), so dass notwendige Freiheiten des Individuums (S.252), welches Voraussetzung jeglicher Ordnung ist (S.233), geachtet werden müssen. Daher schreibt Rommen mit Blick auf positives (vom Menschen gemachtes) Recht:

„Das Recht (…) erfasst nur das Individuum, d.h., eine personale Einheit, soweit sie vom Rechtsgeist erkannt werden kann, und dann nicht in der Einmaligkeit seiner individuellen Persönlichkeit, sondern im allgemeineren Personsein. Recht setzt eine gewisse Gleichheit voraus. Das ist die Grenze des *ordo institutae*. Er lässt den inneren Personkern frei. Mehr, er bietet ihm die Voraussetzung des freien Wirkens und garantiert es.“
Heinrich A. Rommen
(Die ewige Wiederkehr des Naturrechts, 1947, S.216)

Der Gerechtigkeitsbrunnen in Bern mit der Justitia. In der linken Hand hält sie die Waage (die Lokale Symmetrie), um ein gerechtes Urteil mit dem Richtschwert in der rechten Hand fällen zu können.

Auch die Jurisprudenz basiert auf Lokaler Symmetrie, dem ewigen Naturrecht.

„…jedes Naturrecht hat Staatsideale anerkannt: die Herrschaft des Subsidiaritätsprinzips und die Würde von Personen und der (…) Mitbeteiligung an der Gesamtwillensbildung, d.h. die Vorliebe für das *regimen mixtum* und die ablehnende Haltung gegenüber dem Versuch, das gegliederte Volk zur bloßen Materie absoluter Staatsführung zu machen.“
Heinrich A. Rommen
(Die ewige Wiederkehr des Naturrechts, 1947, S.225)

Albert Einstein betonte darüber hinaus, dass dem Judentum eine

geistige Einstellung zu eigen sei, verbunden mit dem Auftrag, zum

Wohle der ganzen Menschheit zu wirken:

„Wir Juden sollen Träger und Förderer geistiger Werte sein und bleiben. Wir sollen aber auch stets uns der Tatsache bewusst sein, dass dies Geistige gemeinsamer Besitz und gemeinsames Ziel der ganzen Menschheit ist und stets gewesen ist.“
Albert Einstein
(Aus Meinen Späten Jahren, 2005, S. 239)

Das moderne Europa hat, so Einstein, seine Wurzeln sowohl im

Judentum als auch in der antiken griechischen Philosophie und Kunst:

„…aus dieser Vereinigung entsprang direkt oder indirekt, alles, was den wirklichen Wert unseres heutigen Daseins ausmacht.“
Albert Einstein
(Aus Meinen Späten Jahren, 2005, S. 237)

Lokale Symmetrie, die so sowohl im Judentum – Einstein verweist

hier auf die jüdische Bibel (S.237) – als auch in der prägenden griechischen Philosophie (Pythagoras, Plato) und Kunst (Symmetrie, Goldene Schnitt,) zentral war, gibt als allgemeinstes Statement über die Natur genau vor, was lokal die richtigen Lösungen sind, um dadurch zu einem harmonischen Ganzen zu kommen.

„… die lokale Symmetrie bestimmt, was Sie bei jedem Schritt tun müssen."
Frank Wilczek
(The Lightness of Being, 2010, S.72; Übersetzung durch den Autor)

Diese tiefe Einsicht, dass Lokale Symmetrie in der Natur fundamental ist, spiegelt sich auch in dem grundlegenden Gedanken des Naturrechts wider. Hier wird festgestellt, dass das lokale Individuum vor dem Staat kommt, und daher als staatsbegründendes Element mit unveräußerlichen Rechten gewürdigt werden muss. Naturrecht – wie LOCAL FIRST, GLOBAL SECOND, das Recht auf Leben, freie Meinungsäußerung (Mehr-Sein), körperliche Unversehrtheit, Würde (eine lokale, primäre Einheit sein) – geht allem vom Menschen gemachten Gesetzen, so genanntem positiven Recht, vor. Dies beschreibt der bekannte Rechtsanwalt, Heinrich Rommen, so:

„Heraklit ist bekannt für seine These: dass „Alles fließt". Aber dieses dauernde Sich-Verändern der Dinge hat ihn geradezu hingeführt auf die Idee einer ewigen Norm und Harmonie, die unveränderlich im dauernden Wechsel der Erscheinungen west. Es waltet eine ordnende Vernunft im natürlichen Geschehen. Das Wesen und sittliche Ziel des Menschen besteht nun in der Unterordnung, in der Gemäßheit des individuellen und sozialen Lebens unter und nach dem allgemeinen

Weltgesetz. Dies ist die Urnorm des sittlichen Seins und Handelns."
Heinrich A. Rommen
(Die ewige Wiederkehr des Naturrechts, 1947, S.11)

Auch der große römische Redner und Jurist, Cicero, erkannte dieses

eine Naturrecht, das allem – überall und zu jeder Zeit, also lokal-

symmetrisch – zugrunde liegt:

„Es gibt tatsächlich ein Gesetz, eine richtige Vernunft, die der Natur
entspricht; in allem existierend, unveränderlich, ewig. Es befiehlt uns,
das Richtige zu tun, und verbietet uns, das Falsche zu tun. Es
beherrscht die guten Menschen, hat aber keinen Einfluss auf die
schlechten. Es kann durch kein anderes Gesetz ersetzt, kein Teil
davon weggenommen oder ganz aufgehoben werden. Weder das Volk
noch der Senat können sich davon entbinden. Es ist nicht eine Sache
in Rom und eine andere in Athen: heute eine Sache und morgen eine
andere; aber es ist ewig und unveränderlich für alle Nationen und für
alle Zeiten."
Cicero
(The Republic of Cicero, translation by G.W. Featherstonhaugh,
Introduction, S.13; Übersetzung durch den Autor)

Daher ist der Mensch verpflichtet sein Handeln stets an diesem einen

geistigen, ewigen Grundgesetz des Kosmos auszurichten. Dafür muss

der Mensch die Fähigkeit entwickeln, hinter die scheinbar

existierende Vielfalt der materiellen Welt blicken zu können.

„...durch die Zufälligkeit und Verschiedenheit der menschlichen
Gesetze hindurch erkennt das vernünftige Denken die Wahrheit des
ewigen Gesetzes, während die sinnliche Wahrnehmung, Auge und

Ohr, nur Verschiedenes und Ungleiches wahrnimmt."
Heinrich A. Rommen
(Die ewige Wiederkehr des Naturrechts, 1947, S.12)

An dieser Stelle kann ein kurzes Wort zum KI-Hype daher nicht ausbleiben. Soll KI wirklich systematisch nützlich sein, dann geht dies nur, wenn die KI lernt, dass Lokale Symmetrie zentral im Kosmos ist. Die Chance für KI wirklich intelligent zu werden, besteht also systematisch nur dann, wenn Lokale Symmetrie, welche auch den großen nicht mathematisch berechenbaren Anteil umfasst, von KI als Grundlage holistischer Intelligenz verstanden wird. Da KI rein auf Algorithmen aufbaut, dürfte dies eine echte Herausforderung werden. Voraussetzung ist aber zuerst, dass die Menschheit Lokale Symmetrie tiefgründig versteht.

„Bevor AGI eintrifft, müssen wir herausfinden, wie wir KI dazu bringen können, unsere Ziele zu verstehen, zu übernehmen und beizubehalten. Je intelligenter und leistungsfähiger Maschinen werden, desto wichtiger wird es, ihre Ziele mit unseren in Einklang zu bringen."
Max Tegmark
(Possible Minds: 25 Ways of Looking at AI, herausgegeben von John Brockman, 2019, S.85; Übersetzung durch den Autor)

LOKAL-SYMMETRISCHES DENKEN:

In seinem Buch „*Schnelles Denken, Langsames Denken*" hat der Psychologe, Daniel Kahnemann, basierend auf seiner Kollaboration mit seinem Kollegen, Amos Tversky, aufgezeigt, dass das menschliche Denken zwei wesentliche Aspekte hat:

- Das schnelle, assoziative Denken – System 1. Dies entspricht dem Eintreten aus Eigenschaftsraum #1 in das Mehr von Eigenschaftsraum #2. Der Blickwinkel aus Eigenschaftsraum #1 mit den addierten Erinnerungen findet dann immer etwas im Mehr des Eigenschaftsraums #2, das schnell und assoziativ irgendwie stimmig erscheint. Diese Art des „Denkens" erfordert wenig Energie und Bewusstheit, da die Bewegungsrichtung <u>automatisch</u> von 1 nach 2 geht.

- Das langsame, systematische Denken – System 2. Dies ist die energie-intensive (Mehr wird zusammenaddiert) ganzheitliche systematische Blickweise aus Eigenschaftsraum #2: das systematische, bewusste Verstehen. Jede Gesellschaft sollte sich stark um diese Art des <u>wirklichen Denkens</u> und Verstehens bemühen.

- Der bekannte Arzt und Autor, Dr. Michael Nehls, beschreibt in seinem Buch *„Das Indoktrinierte Gehirn"*, welche Voraussetzungen gewährleistet sein müssen, um mithilfe von System 2 selbständig denken und sich als Individuum wahrnehmen zu können. Im Zentrum steht laut Nehls der Lebenssinn, also eine geistige Komponente, die dann aber auch mit einem natürlichen Lebensstil und somit auch mit bestimmten förderlichen materiellen Substanzen zusammenkommen muss, damit das Gehirn dauerhaft optimal funktioniert. Nur dann sind sowohl die individuelle Selbstwahrnehmung in Verbindung mit dem dafür essentiellen, systematischen Denken und Verstehen als auch, darauf aufbauend, konstruktive soziale Gemeinschaften langfristig möglich.

Der Pionier der Epigenetik, Dr. Bruce Lipton, weist in seinem Newsletter von Dezember 2023 darauf hin, dass sich die Menschheit einer alten Weisheit wieder bewusst werden muss: der Mensch ist ein Bewohner zweier Welten, der geistigen und der materiellen Welt.

Genau hier möchte das vorliegende Buch einen Beitrag dahin gehend leisten, dass die beiden Welten klarer verstanden werden und so konstruktiver miteinander interagieren können.

LOKAL-SYMMETRISCHE WIRTSCHAFT UND POLITIK:

Um das Prinzip der Lokalen Symmetrie in der Wirtschaft umzusetzen, müssen neben dem Aspekt des Primats des Lokalen und Dezentralen auch das Naturrezept des Nährstoffkreislaufes umgesetzt werden. Wie dies langfristig gelingen kann, zeigt seit vielen Jahren das vom weltbekannten, deutschen Chemiker, Michael Braungart, und dem amerikanischen Pionier der umweltintelligenten Architektur, William McDonough, entwickelte, bahnbrechende Cradle to Cradle (C2C) Designkonzept, das der Motor für eine holistische Kreislaufwirtschaft ist, welche positive Effekte für Mensch und Umwelt erzeugen kann.

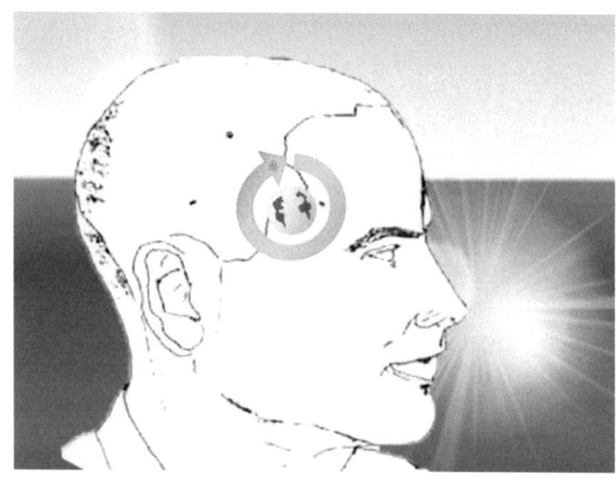

„…die Natur (…) gibt uns das richtige Rezept an die Hand."
Michael Braungart & William McDonough
(Intelligente Verschwendung: The Upcycle, 2013, S.195)

„Die Welt wird den derzeitigen Krisenzustand nicht überwinden, wenn sie die Denkweise beibehält, die diese Situation hervorgebracht hat."
Albert Einstein
(zitiert in: Cradle to Cradle. von Michael Braungart & William McDonough, vor Vorwort, 2014)

Politisch kann dies auch umgesetzt werden. In ihrem wegweisenden, umfassenden Buch „*Reichtum ohne Gier*" zeigt Sahra Wagenknecht, dass der moderne, globale Feudalismus langfristig systemisch negativ wirkt und daher kleinteiligere Wirtschaftsstrukturen – anstelle von internationalen Großkonzernen – zu bevorzugen sind und die menschliche Kreativität, auch in Zeiten der wachsenden Präsenz von

KI, zu achten ist.

„Eine moderne Wirtschaftsordnung muss deshalb eine Marktverfassung anstreben, die die Unternehmen auf ihre kleinste technologisch sinnvolle Größe reduziert."
Sahra Wagenknecht
(Reichtum ohne Gier, 2018, S.308)

„Ich möchte ein System schaffen, das alle Mitglieder der Gesellschaft versorgt, aber auch den durch KI erzeugten Reichtum nutzt, um eine Gesellschaft aufzubauen, die mitfühlender, liebevoller und letztendlich menschlicher ist."
Kai-Fu Lee
(AI SUPERPOWERS, 2018, S. 218 ; Übersetzung durch den Autor)

Zum Schluss des Buches wird sehr gut ersichtlich, dass Lokale

Symmetrie wirklich allem unterliegt – von der Naturwissenschaft, zu

holistischer Landwirtschaft, zur Kybernetik in Politik und Wirtschaft,

bis hin zur Jurisprudenz und sogar KI.

Abschließend kann festgehalten werden, dass mit Blick auf eine

lebenswerte Zukunft ein Verständnis von Lokaler Symmetrie

unerlässlich ist. Nur durch **Bewusstheit** kann diese Geistigkeit, da sie

Unendlichkeit umfasst, und sich damit letztlich berechnender

Kontrolle entzieht, langfristig positiv gelebt werden. Wie das

Abschluss-Kapitel gezeigt hat, gibt es erfreuliche, lokal-

symmetrische Ansätze, welche auf z.T. jahrtausendealten Weisheiten aufbauen können. Das Rad muss also nicht neu erfunden werden. Der Level des lokal-symmetrischen Bewusstseins in der Menschheit muss aber insgesamt, **von Kindheit an**, deutlich steigen.

So ist's mit aller Bildung auch beschaffen:
Vergebens werden ungebundne Geister
Nach Vollendung reiner Höhe streben.

Wer Großes will, muß sich zusammenraffen;
In der Beschränkung zeigt sich erst der Meister,
Und das Gesetz nur kann Freiheit geben.
Johann Wolfgang Goethe
(Natur und Kunst, aus Johann Wolfgang Goethe – Lieder, Balladen, Gedichte, S.153)

Es gibt einige wenige Kernelemente der Lokalen Symmetrie, die geachtet werde müssen:

- LOKAL vor GLOBAL (Local first & global second)
- Holistisches Denken und Betrachten
- Fortwährendes Lernen, systematisches Denken
- Nicht alles ist berechenbar und kontrollierbar
- Alles basiert auf Beziehung
- Es geht um ganzheitliches Verstehen; verschiedene Disziplinen hängen alle zusammen
- Balance, Einheit, Ruhe, Aktivität

„Durch die furchtlose Auseinandersetzung mit der Wissenschaft und

die Nutzung ihrer inhärenten Faszination zur Schaffung unterhaltsamer, gehaltvoller und dramatischer Werke könnten die Künste durchaus das perfekte Medium sein, um die Wissenschaft vollständig in die Konversation der Welt zu integrieren. Wir werden vielleicht feststellen, dass die wissenschaftlich inspirierten Werke der Kunstwelt der wissenschaftlichen Vorstellungskraft neue Impulse geben und uns auf möglicherweise nicht greifbare Weise auf den nächsten Schritt beim Verständnis des Universums vorbereiten."
Brian Greene
(The Elegant Universe, Preface 2003, S.xi)

„Die Perspektiven, die die Symmetrie bietet (…) Wir müssen unbedingt versuchen, den nichtwissenschaftlich-arbeitenden Mitgliedern der Gesellschaft, die durch demokratische Prozesse die endgültigen Entscheidungen treffen, ein besseres Verständnis der Schlüsselthemen zu vermitteln. **Tatsächlich hängt unsere Zukunft davon ab."**
Leon M. Lederman & Christopher T. Hill
(Symmetry and the Beautiful Universe, 2004, S.24-25; Übersetzung und Fettung durch den Autor)

„Es ist von größter Bedeutung, dass der breiten Öffentlichkeit die Möglichkeit gegeben wird, die Anstrengungen und Ergebnisse wissenschaftlicher Forschung bewusst und intelligent zu erleben." (…) Die Beschränkung des Wissensbestands auf eine kleine Gruppe stumpft den philosophischen Geist eines Volkes ab und führt zu spiritueller Armut."
Albert Einstein
(From the foreword of September 10, 1948, to Lincoln Barnett's The Universe and Dr. Einstein; 2nd rev. ed. New York: Bantam, 1957; Übersetzung durch den Autor)

Die erste Fassung des Manuskripts wurde am 12.12.23 fertiggestellt.

OUR AGE OF FREEDOM
Music & lyrics by George Hohbach

VERSE 1

Everyone is local,
Just like Nature is.
Einstein showed the total
Is symmetry's kiss.

Everyone can love.
We all love to kiss.
You I'm dreaming of,
'Cause love is like this:

BRIDGE

So be the one to make it happen.
Local comes first and global second.

CHROUS

Our Age of Freedom,
It's prosperous for all.
That's why I love you,
I love you.

This is our true call.
Let this be our choice.
This is our voice,
Our voice.

VERSE 2

Everyone is local,
So is creation.
Nature will then be
Regeneration.

All is just local,
Just like Nature is.
Einstein showed the total
Is harmony's kiss.

BRIDGE

So be the one to make it happen.
Local love first and global second.

CHROUS

Because it's Einstein
With local symmetry,
A shining cosmos,
We're family.

This is love & beauty
Let this be our choice.
This is our voice,
Our voice.

Our Age of Freedom,
It's prosperous for all.
That's why I love you,
I love you.

This is our true call.

Let this be our choice.
This is our voice,
Our voice.

Our Age of Freedom!

Auch ein Musikvideo auf YouTube

OUR AGE OF FREEDOM

APPENDIX

Die lokal-symmetrische Verbindung von Bosonen und Fermionen:

DIE BOSOSNEN aus Eigenschaftsraum #1

Bosonen kommen aus Eigenschaftsraum #1, denn sie können sich als Überträgerteilchen der Interaktion (Kräfte), wie z.B. Photonen des Elektromagnetismus, an einer Stelle aufhalten. Bosonen sind EINHEITS-Partikel. Ferner übermitteln Bosonen die Interaktionen, welche auf Lokaler Symmetrie aufbauen.

DIE FERMIONEN aus Eigenschaftsraum #2:

Die Fermionen stellen aufgrund des von Pauli entdeckten Ausschlussprinzips, welches dafür sorgt, dass Fermionen (wie Elektronen, Quarks) sich nicht zusammen an einem energetischen Platz aufhalten können, MEHR-Partikel aus Eigenschaftsraum #2 dar.

Die Verbindung der Bosonen und Fermionen mittels Lokaler Symmetrie:

Zwar ist jedes kleine Partikel, jedes Quantum, wie wir sahen, für sich Ausdruck von Lokaler Symmetrie, doch wie kann sichergestellt werden, dass die MEHR-Partikel, die Fermionen, trotz ihres Unterschiedes zu den EINHEITS-Partikeln, den Bosonen, reibungslos mittels Lokaler Symmetrie zusammen agieren können?

Hier greift die Natur wieder in den Werkzeugkasten der Lokalen Symmetrie Eigenschaften: MEHR bedeutet auch Zählen. Ganz fundamental im Rahmen der Lokalen Symmetrie 1, 2, 3. Die Natur hat genau dies getan und 1, 2, 3 Fermionen-Familien erschaffen. Damit diese drei Familien maximal lokal-symmetrisch sind, sind alle drei Fermionen-Familien identisch, was die Art der Partikel anbelangt. Dies ergibt dann:

$$1 \text{ (klein)} = 2 \text{ (MEHR)}$$

Da MEHR (#2) mindestens zwei Aspekte beinhaltet, gibt es zwei Fermionen-Familien, die schwerer sind, als die erste Familie mit den kleinsten, leichtesten Fermionen-Partikeln (klein, #1). Dies ergibt dann:

Eigenschaftsraum #1 = Eigenschaftsraum #2 (MEHR)

    1 Familie   **2 Familien (schwerer)**

1.   Familie (klein) =   2. Familie (schwerer) = 3. Familie (noch schwerer)

Die Fermionen-Familien sind alle von Lokaler Symmetrie umgeben, so dass hier die ideale Verbindungsmatrix mit den Bosonen gegeben ist. Dadurch können die Interaktionen lokal-symmetrisch wirken und zur Erschaffung von sichtbarer (baryonischer) Materie mittels der Fermionen beitragen.

Fermionen-Familie 1 erzeugt die sichtbare Materie:

Fermionen-Familie 1, da sie sich aufgrund der Lokalen Symmetrie Gleichung – trotz ihres Mehr-Charakters aus Eigenschaftsraum #2 – in Eigenschaftsraum #1 aufhält, ist einzig geeignet mithilfe der Bosonen aus Eigenschaftsraum #1 langfristig stabile Materie aufzubauen. Stabilität ist auch ein Qualitätsmerkmal von Eigenschaftsraum #1 (ADDIERT).

Die beiden schwereren Fermionen-Familien im Eigenschaftsraum #2 zerfallen schnell und stellen somit MEHR, das ADDITIONALE dar. In Eigenschaftsraum #2 gibt es aber noch den Term des ZUSAMMENADDIERENS. Wo wird dieser umgesetzt?

Da Eigenschaftsraum #2 die beiden mathematischen Grundeigenschaften

- das ADDITIONALE
- das ZUSAMMENADDIEREN

bietet, kann man schlussfolgern, dass die Fermionen-Partikel, die MEHR-Partikel, aus Eigenschaftsraum #2, **diese Zweiheit** (Additional und Zusammenaddieren) widerspiegeln.

Zudem tritt in Eigenschaftsraum #2 immer auch die Einteilung

- LEICHT
- SCHWERER

auf. Schwer, bzw. deutliches Mehr wird ja (wie bei der Messung eines Quantums) immer gebraucht, um das ZUSAMMENADDIEREN

wirksam aus Eigenschaftsraum #2 in Eigenschaftsraum #1, in das
ADDIERT-SEIN, zu führen.

Es sollten also folgende Fermionen-Partikel in jeder Familie zu finden
sein:

1. ZWEI LEICHTE PARTIKEL
2. ZWEI SCHWERERE PARTIKEL

Dies ist auch der Fall. Es gibt 4 Fermionen-Partikel, die genau jene
Einteilung zeigen. Da Lokale Symmetrie das allem unterliegende
Grundschema ist, wiederholt es sich überall, so auch in der z.B. 1.
Fermionen-Familie, die ebenso **1 = 2** mit einer Betonung auf MEHR
manifestiert.

In der 1. Fermionen-Familie gibt es gemäß **1 = 2** z.B. folgende 4
Fermionen:

ZWEI LEICHTE PARTIKEL (die Leptonen)

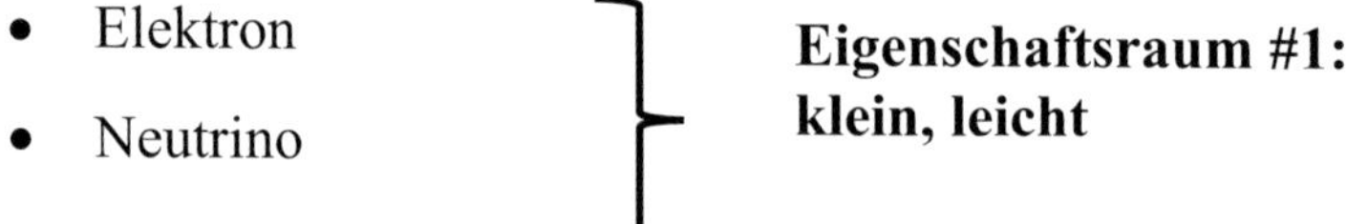

- Elektron
- Neutrino

**Eigenschaftsraum #1:
klein, leicht**

ZWEI SCHWERERE PARTIKEL (die Quarks, das deutliche MEHR)

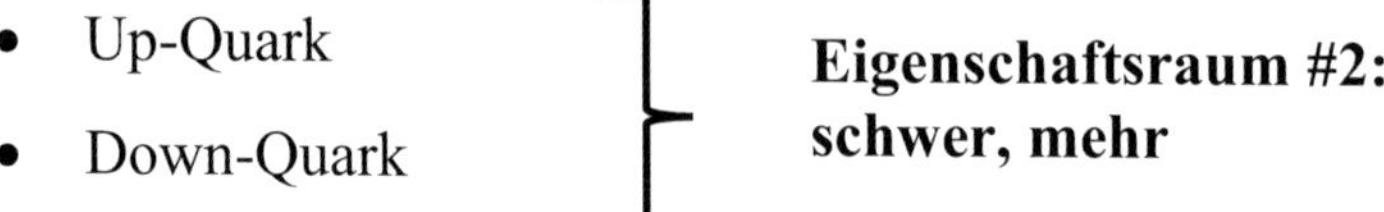

- Up-Quark
- Down-Quark

**Eigenschaftsraum #2:
schwer, mehr**

Der Wechsel der Eigenschaftsräume der Fermionen-Partikel aus Familie #1 zeigt Selbstbewusstheit, die ganzheitliches Bewusst-Sein umsetzt:

Dieser Eigenschaftsraumwechsel wurde bereits in Kapitel 4 besprochen, soll hier aber nochmals vertieft werden:

SELBST-BEWUST<u>HEIT</u> (1) &

GANZHEITLICHES BEWUSST-<u>SEIN</u> (2)

MANIFESTIERT SICH

die zwei leichten Leptonen

Eigenschaftsraum #1   **1 = 2**   Eigenschaftsraum #2

die zwei schweren Quarks

Die zwei kleinen, leichten Leptonen, das Elektron & Neutrino, sowie die zwei schwereren Quarks tauschen die Eigenschaftsräume. Dies hebt das Prinzip der symmetrischen Selbst-Bewusstheit und des ganzheitlichen Bewusst-Seins der ewigen Lokalen Symmetrie Gleichung **1 = 2** besonders deutlich hervor.

Die leichten Partikel (die Leptonen) der Familie 1, das Elektron und das noch leichtere Neutrino, sind die KLEINEN Partikel. Klein ist, wie bereits erwähnt, eine Qualität des Eigenschaftsraums #1, wo sich Elektron und Neutrino mit Familie 1 aufhalten.

Laut der Lokalen Symmetrie Gleichung **1 = 2**, rutschen aber Quanten, wie das Elektron und das Neutrino, daher gleich aus Eigenschaftsraum #1 in Eigenschaftsraum #2, denn die kleinen Partikel (1) sind gleich MEHR (2) und wollen daher MEHR sein, sich also in Eigenschaftsraum #2 aufhalten.

Das Neutrino, das kaum mit anderen Partikeln interagiert, fliegt quasi ungehindert durch das Universum. Damit stellt das Neutrino die Eigenschaft das <u>ADDTIONALE</u> dar, das für offenes Mehr, also für freie Bewegung steht.

Das größere Elektron stellt <u>MEHR ADDIERT ZUSAMMEN</u> dar, denn das Elektron, welches eine negative elektrische Landung hat, tut sich mit positiv geladenen Atomkernen zusammen, um dadurch Atome zu bilden.

Die schwereren Quarks sind MEHR und repräsentieren damit, obwohl sie mit der ersten Familie in Eigenschaftsraum #1 residieren, eine Eigenschaft aus Eigenschaftsraum #2. Gemäß der Lokalen Symmetrie Gleichung **1 = 2** sind sie aber aufgrund ihrer Schwere das <u>ADDITIONALE, DAS ZUSAMMENADDIERT, um ADDIERT, KONZENTRIERT</u> zu sein, und befinden sich daher korrekter Weise in Eigenschaftsraum #1 (ADDIERT-SEIN).

Es sind immer drei Quarks zu einer Einheit zusammengefügt, wie:

- ein Down-Quark plus zwei Top-Quarks, was ein Proton erzeugt.

- ein Top-Quark plus zwei Down-Quarks, was ein Neutron ergibt, oder

Dies stellt dann das ZUSAMMEN-ADDIERT-SEIN, **1 + 2 = 3**, dar.

Die lokal-symmetrisch basierte Kraft, die immer drei Quarks zusammenhält, heißt starke Wechselwirkung. Je weiter die drei Quarks auseinander triften, also MEHR zeigen, desto stärker wird das ZUSAMMENADDIEREN (Mehr addiert zusammen), um die Einheit von drei Quarks konstant (ADDIERT-SEIN) zusammen zu halten.

Das Proton ist der kleinste Atomkern (ADDIERT SEIN, #1). Darum kann sich dann das Elektron als Elektronwolke (MEHR ADDIERT SICH, #2) manifestieren. Dies ergibt dann ein Atom, das Wasserstoffatom. <u>Sowohl die 1. Familie als auch der Atomkern (1) garantieren die der Lokalen Symmetrie **1 = 2** innewohnende Bewegungsrichtung von 1 (klein) nach 2 (Mehr).</u>

Wie bereits erläutert: der Wechsel der Eigenschafsträume der Fermionen, sowie die gesamte lokal-symmetrische Konfiguration, die auch die ideale Zusammenarbeit mit den Bosonen ermöglicht, zeigt, dass hohe Selbst-Bewusstsein und damit ewige Geistigkeit in der sichtbaren Materie präsent sind.

Daher darf Materie NICHT auf das Materielle, auf das Material, reduziert werden, sondern es geht darum, über die Materie eine Rückbindung an das Geistige zu erlangen, um mit diesem Verständnis ein ganzheitliches Leben führen zu können.

Der Versuch, die Materie global kontrollieren zu wollen, führt in eine Katastrophe der Geistlosigkeit. Alles, auch der Mensch, wird zum Material und der Verlust der geistigen Ganzheitlichkeit führt dann in die von Willkür, Achtlosigkeit und Beziehungslosigkeit getriebene Selbstzerstörung.

Die Bosonen (aus Eigenschaftsraum #1):

Um die Bosonen besser verstehen zu können, wollen wir uns diese mittels der Lokalen Symmetrie Gleichung $1 = 2$ nochmals anschauen.

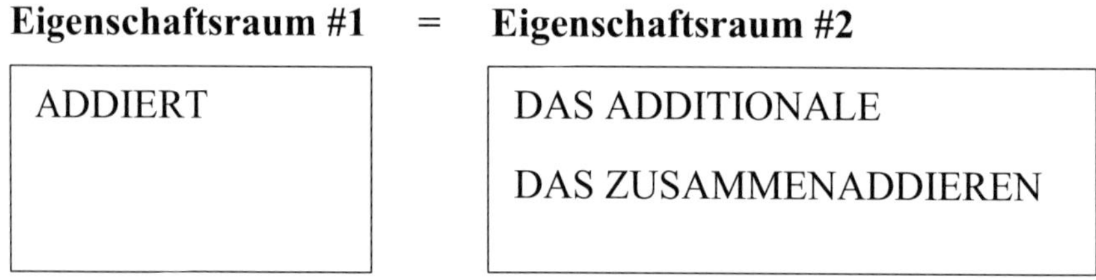

Wir wissen, dass es eine Bewegungsrichtung von 1 nach 2 gibt.

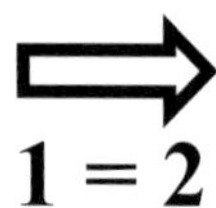

Da **#1** = **#2** kann man argumentieren, eben weil es eine
Bewegungsrichtung von 1 nach 2 gibt, dass der Term ADDIERT in
den Eigenschaftsraum #2 wandert.

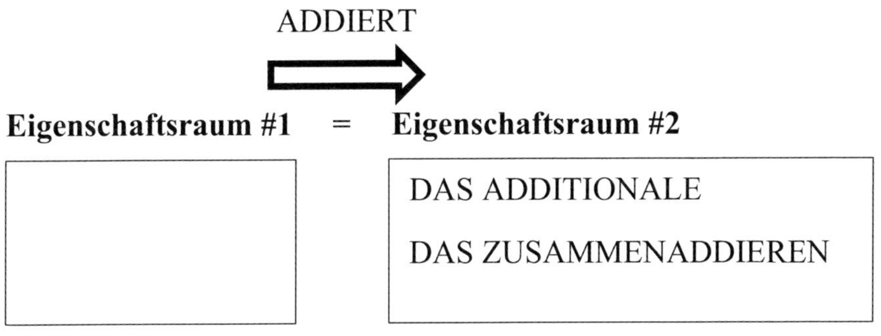

Damit haben wir in Eigenschaftsraum #2 dann folgende drei Terme:

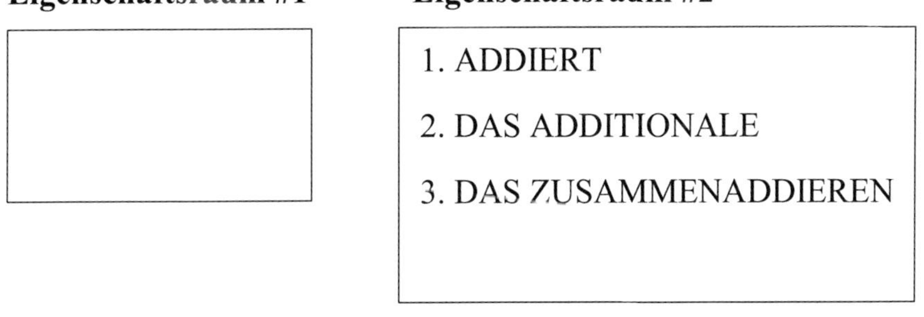

In Eigenschaftsraum #2 finden wir, wie bereits besprochen, folgende
Bosonen:

1. Das **eine** Higgs-Boson (ADDIERT-SEIN, gibt Teilchen
   Masse)

2. Das Z-Boson und die zwei W-Bosonen sind die **drei** Botenteilchen (Austauschteilchen) der schwachen Wechselwirkung. Dadurch, dass die drei Bosonen eine Wechselwirkung präsentieren, sind sie fundamental gleich, **symmetrisch.** Die schwache Wechselwirkung sorgt für den Zerfall (Mehr) auf der nuklearen Ebene, für das ADDITIONALE.

> Das Additionale steht für Zählen:
>
> 1, das eine Z-Boson (elektrisch neutral)
>
> 2, die zwei W-Bosonen (eins elektrisch positiv, eins negativ geladen)
>
> Insgesamt ergibt dies das fundamentale Zählen **1, 2, 3.**

3. Das Photon, als das **eine** Botenteilchen der Wechselwirkung Elektromagnetismus, der für das ZUSAMMENADDIEREN von maximalen <u>Mehr</u> (den zwei <u>senkrecht</u> zueinanderstehenden Feldern, elektrisches und magnetisches Feld) steht.

Dies ergibt, die Anzahl der Bosonen betrachtet, auf abstrakter Ebene die Lokale Symmetrie Gleichung:

$$1 = 2$$

1 (Higgs-Boson) $\quad$ | 1 Z-Boson | $\quad$ 1 (Photon)

| 2 W-Bosonen |

Da Bosonen aus Eigenschaftsraum #1 kommen, bekommen wir mittels der Lokalen Symmetrie Gleichung einen Einblick, wie die Anzahl der Bosonen – des Higgs-Mechanismus, der schwachen Wechselwirkung und des Elektromagnetismus – zustande kommt.

<u>Die starke Wechselwirkung und ihre **acht** Gluonen (Bosonen).</u>

Wir wissen, dass es auch eine Rückbezugs-Bewegungsrichtung von 2 nach 1 gibt.

$$1 = 2$$

Das heißt, dass die drei mathematischen Eigenschaften aus Eigenschaftsraum #2 sich in Eigenschaftsraum #1 vereinigen müssen:

1. ADDIERT

2. DAS ADDITIONALE

3. DAS ZUSAMMENADDIEREN

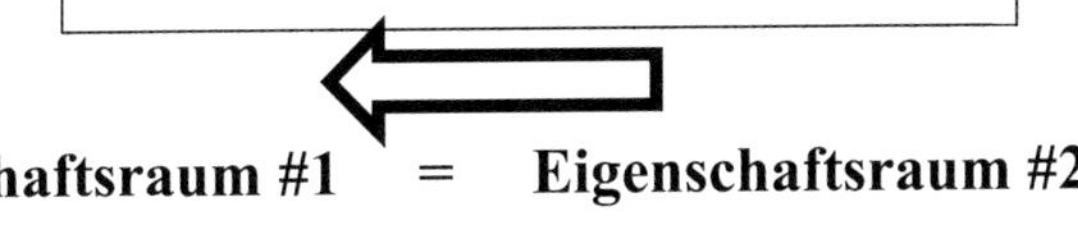

Eigenschaftsraum #1   =   **Eigenschaftsraum #2**

STARKE WECHSELWIRKUNG	1. ADDIERT 2. DAS ADDITIONALE 3. DAS ZUSAMMENADDIEREN

In Eigenschaftsraum #1 finden wir die STARKE WECHSELWIRKUNG, die in der Tat Merkmale aller drei mathematischen Eigenschaften aus Eigenschaftsraum #2 hat:

DIE STARKE WECHSELWIRKUNG:

1. ADDIERT: drei Quarks sind immer als EINHEIT vorhanden.

2. DAS ADDITIONALE: Die drei Quarks entsprechen dem Zählen 1, 2, 3. Zudem können die drei Quarks sich auch immer etwas weiter (mehr) voneinander wegbewegen.

3. DAS ZUSAMMENADDIEREN: Die drei Quarks entsprechen dem Zusammenaddieren 1 + 2 = 3. Je weiter die Quarks sich voneinander wegbewegen, desto stärker wird das Zusammenaddieren, um sie in ihrer Einheit (Addiert) zu halten.

Die **acht** GLUONEN, die Botenteilchen (Bosonen) der starken Wechselwirkung:

Eigenschaftsraum **#2** (der für MEHR steht) wurde mittels der dort ansässigen Wechselwirkungen drei Mal definiert:

#2 ist: das ADDIERT-SEIN

#2 ist: das ADDITIONALE $\Big\}$ **3 x 2 = 6**

#2 ist: das ZUSAMMENADDIEREN

Eigenschaftsraum **#2** ist die ZWEI mit drei Aspekten (Wechselwirkungen) von #2. Dies ergibt 2 + **2** + **2** + **2** = 8.

Da, wie gesagt, ein vollständiger Rückbezug von Eigenschaftsraum #2 zu Eigenschaftsraum #1 gegeben ist, muss auch die zahlenmäßige Definition **ACHT** mit in den Eigenschaftsraum #1. Dies spiegelt sich in den acht Gluonen der starken Wechselwirkung wider.

Bezieht man in die Gesamtbetrachtung auch noch die Gravitation (Raumzeit-Krümmung, Geometrie) mit ein, dann wird sehr schön sichtbar, dass Lokale Symmetrie gleichzeitig immer sowohl

- Algebra (Theorie der Gleichungen, Verbindung mathematischer Strukturen) als auch
- Geometrie (Eigenschaften und Beziehungen) einsetzt.

„Solange Algebra und Geometrie getrennte Wege gingen, war ihr Fortschritt langsam und ihre Anwendungen begrenzt. Aber als sich diese beiden Wissenschaften vereinten, schöpften sie voneinander neue Lebenskraft und schritten von da an in rasantem Tempo der Perfektion entgcgen."
Joseph-Louis Lagrange
(zitiert in: Is God a Mathematician von Mario Livio, 2009, S.97)

Der Kollaps der Wellenfunktion:

Der Mathematiker, Eli Maor, schreibt in seinem Buch „*To Infinity and Beyond*" Folgendes:

- „Unendlichkeit ist ein Konzept" (1991, S.6)
- „0 repräsentiert den Startpunkt, 1 den Maßstab, den wir nutzen (also die Größe der Einheit), und Unendlichkeit die

Vollständigkeit…" (1991, S.8; Übersetzung durch den Autor)

Mit Blick auf das Wirkungsquantum h wissen wir, dass es die kleinste, konstante (lokal-symmetrische) Energieeinheit ist. Dies entspricht dem Eigenschaftsraum #1 (ADDIERT, konkret, lokalisiert). Dieser Eigenschaftsraum #1 ist gemäß der Lokalen Symmetrie Gleichung **1 = 2** GLEICH Eigenschaftsraum #2, der für MEHR, das ADDITIONALE und UNENDLICHKEIT steht.

Das lokalisierte Quantum (1) ist dann **augenblicklich (unendlich schnell)** gleich Mehr/Unendlichkeit (2). Es ist sofort an **unendlich** vielen Orten (mittels Einzelwellen) gleichzeitig in Eigenschaftsraum #2, es ist jetzt nicht-lokal.

Damit, durch das Sein an unendlichen vielen Orten, hat sich dann gleichzeitig (neben der offenen Unendlichkeit, dem Additionalen) auch die Vollständigkeit der Unendlichkeit als Konzept, als Idee, als Einheit, manifestiert. Dies ist, neben Eigenschaftsraum #1 (NUMMER 1 als EINHEIT) eine zweite Einheit, also NUMMER 2 (als abstrakte, alles umfassende Idee für Eigenschaftsraum #2). Somit ist das Quantum auch ein Gesamt**system** (#2 als umfassende Einheit), eine Gesamtwelle, bestehend aus unendlich vielen Einzelwellen. Diese bewegte Gesamtwelle, welche das Quantum als nicht-lokales MEHR (Mehr hier als dort) beschreibt, breitet sich im Raum dann berechenbar als System in der Zeit aus.

Als **Konzept (das System Gesamtwelle)** stellt Unendlichkeit jetzt, wie gesagt, auch eine EINHEIT dar. Einheit bedeutet Beschränkung. Diese Beschränkung kann nicht die offene Unendlichkeit, das Additionale, aus Eigenschaftsraum #2 limitieren. Die Beschränkung kann nur gleichzeitig in Form einer maximalen Geschwindigkeit (als eine Eigenschaft aus Eigenschaftsraum #2) erscheinen. Da das Quantum bereits die kleinste Maßeinheit (#1) ist, muss diese maximale Geschwindigkeit groß (#2) sein. Das ist die konstante (lokal-symmetrische) Lichtgeschwindigkeit c. Als Gesamtwellensystem muss sich, wie bereits besprochen, das Quantum an c halten, genauso wie an die Erhaltung der Energie (als Einheit).

Wenn nun das Quantum gemessen, also konkret lokal wird, geht es aus Eigenschaftsraum #2 in Eigenschaftsraum #1 zurück. Damit kollabiert das Unendlichkeitskonzept (NUMMER 2 als Einheit) und damit die Anbindung an c. Das Quantum ist also **wieder unendlich schnell**. Es kann also **unendlich schnell** entscheiden, an welchem der möglichen Orte auf der Messvorrichtung es erscheint. Da **unendlich schnell nicht erkennbar ist**, sieht die Orts-Entscheidung (der kausale Grund für das konkrete Auftreten des Quantums an einem möglichen Ort) als „Zufall“ aus.

GLEICHGEWICHT VON MATERIE & ANTIMATERIE:
Warum Materie übrigbleibt

Die Lokale Symmetrie Gleichung $1 = 2$ zeigt deutlich Harmonie und Balance an. Doch, der zweite Teil ist immer auch MEHR. Daher kann das ursprüngliche Gleichgewicht von Antimaterie (1) zu Materie (2) so aufgelöst werden, dass etwas MEHR Materie übrigbleibt.

Der Autor

George Hohbach

studierte Rechtswissenschaften mit einem Abschluss in englischer Sprache und Recht. Er arbeitet seit vielen Jahren mit einer Talent- und Literaturagentur in Beverly Hills, auch im Bereich Klienten-Projektbetreuung in Europa, zusammen. Seine Kunst – Musik, Gemälde, Bücher, Dokumentationen – wird im In- und Ausland in Galerien, Bildungszentren, Unternehmen und Museen präsentiert. Ebenso beschäftigt er sich mit den Prinzipien des Value Investings. Über den systematischen Zusammenhang zwischen Albert Einsteins revolutionärer und bahnbrechender wissenschaftlicher Entdeckung hinsichtlich der zentralen Rolle der einfachen, schönen und lokalen Symmetrie in der Natur, also im Kosmos, und dem symmetrischen, naturbasierten Cradle to Cradle Designprinzip im Herzen der Kreislaufwirtschaft hat er zahlreiche systemtheoretische Artikel und Analysen verfasst, deren Zusammenfassung im wissenschaftsbasierten MINT-Zirkel veröffentlicht wurde. Zahlreiche seiner Vorträge zu Einsteins revolutionärer Erkenntnis sind auf George Hohbachs YouTube-Kanal abrufbar. Als Hauptautor hat er mit Künstlerinnen und Künstlern – Autoren und Illustratoren – aus der ganzen Welt diverse Action-Comedy Jugendromane, inspiriert von Einsteins Lokaler Symmetrie, dem C2C Designprinzip und dem Konzept der Kreislaufwirtschaft, verfasst. Als Komponist und Texter hat er mehrere Popsongs zu den Romanen produziert.

Danksagung

Herzlichen Dank an Ehrengard Hohbach für die Durchsicht des Manuskripts und die tiefgründigen Anregungen und Anmerkungen.

EINSTEIN'S TRUE LEGACY: LOCAL SYMMETRY

(die Mehrheit der Vorträge ist auf Englisch. Einige gibt es auch auf Deutsch.)

EINSTEINS WAHRES ERBE

auf George Hohbachs YouTube-Kanal
@george.hohbach

**George Hohbach während eines Vortrags
zum Thema LOKALE SYMMETRIE.**

**George Hohbach mit seinem multimedialen
Ausstellungsbeitrag zur LOKALEN SYMMETRIE
im Einstein Museum in Bern.**

Sci-Fi Action-Comedy Romane, inspiriert von Einsteins Lokaler Symmetrie Entdeckung, derzeit noch auf Englisch, von George und Ehrengard Hohbach:

EINSTEIN SUPERSTAR CODE
Young Adult Sci-Fi Action-Comedy Novel

"This story is a blast, and I highly recommend it to all sci-fi lovers who love a strong element of science in their fiction."
Readers' Favorite®
5-Star Review

One of the three 5-Star Reviews

In this illustrated Young Adult Sci-Fi Action-Comedy, two teenagers, together with an alien and the U.S. President, have to fight an evil Artificial General Intelligence system and discover that Albert Einstein's findings contain a scientific secret which can put human society on a positive path with planet Earth.

In the 2nd part of the book, learn about Einstein's groundbreaking, scientific findings concerning the core role of Local Symmetry in Nature, other symmetric, eco-intelligent concepts such as the Circular Economy and how Symmetry underpins all areas of life – from art, consciousness to super talent and film. The 2nd part also includes the sheet music to the novel's two pop songs *Doughnut* and *With the Circle of Life.*

EINSTEIN SUPERSTAR CODE 2 LIGHTSPEED

Young Adult Sci-Fi Action-Comedy Novel

"Young adult sci-fi fans who wish to enrich their minds while laughing and enjoying an action-packed tale should read George and Ehrengard Hohbach's magical, addictive book."
Readers' Favorite®
5-Star Review

One of the two 5-Star Reviews

The Sci-Fi Action-Comedy Prequel Einstein Superstar Code 2 reveals the spectacular, action-packed chain of events leading up to the mysterious beginning of the adventure of Einstein Superstar Code.

In the 2nd part of the book, learn about Einstein's groundbreaking, scientific findings concerning the core role of Local Symmetry in Nature, other symmetric, eco-intelligent concepts such as the Circular Economy and how Local Symmetry underpins the notion of energy, the mathematical world, or consciousness. The 2nd part also includes the sheet music to the novel's pop song *Our Age of Freedom*.

EINSTEIN SUPERSTAR CODE 3
GATE hcg

Young Adult Sci-Fi Action-Comedy Novel

"Einstein Superstar Code 3 - Gate hcg is a contemporary, inventive, humorous, insightful sci-fi adventure that creates a fun way of learning and understanding local symmetry. "
Readers' Favorite®
5-Star Review

One of the three 5-Star Reviews

The Sci-Fi Action-Comedy Einstein Superstar Code 3 presents the mind-boggling, action-packed adventure initiated by the spectacular end of Einstein Superstar Code 2.

In the 2nd part of the book, learn about Einstein's ground-breaking, scientific findings concerning the core role of Local Symmetry in Nature, other symmetric, eco-intelligent concepts such as the Circular Economy The 2nd part also includes the sheet music to the novel's pop song *Our Age of Freedom*.

♡ POP SONGS ♡

& YouTube Videos
Musik & Texte von George Hohbach

OUR AGE OF FREEDOM
GLOBAL GREEN DEAL
WITH THE CIRCLE OF LIFE
and many more

Folge George Hohbach auch auf
Instagram: @georgehohbach
YouTube & YouTube Shorts: @george.hohbach
Spotify, Amazon Music, Apple Music, Deezer, Napster, etc.:
hier gibt es die Popsongs und, wo möglich, auch die Liedtexte zum
Mitsingen